AI绘画师

文案、图片与视频制作
从入门到精通

AIGC文画学院◎编著

化学工业出版社

·北京·

内 容 简 介

ChatGPT的出现，给文案的生成与优化带来翻天覆地的革命性变化。

Midjourney的问世，给全球的AI（人工智能）绘画界也带来了震撼，火速影响相关行业。

ChatGPT与Midjourney、剪映等软件的结合，实现了AI自动撰写文案、自动生成图片到自动生成视频的全流程。本书通过【AI文案篇】+【AI图片篇】+【AI视频篇】+【综合案例篇】4篇内容对AI绘画进行了充分讲解，随书赠送了案例指令、教学视频、PPT教学课件和电子教案等。

书中具体内容包括AI文案、AI绘画、AI视频创作的平台与软件，ChatGPT文案的使用技巧与提问方法，文心一格、Midjourney的绘图方法，剪映、Premiere创作视频的方法，最后通过一个综合案例，介绍了从文案到图片再到视频生成的AI全流程。

本书结构清晰，案例丰富，适合想要了解AI绘画的读者，特别是AI文案工作者、AI绘图师、AI平面师、AI视频师等，以及AI内容创作者、AI爱好者等，也可作为各学校AI相关专业的教材。

图书在版编目（CIP）数据

AI绘画师：文案、图片与视频制作从入门到精通/AIGC
文画学院编著. —北京：化学工业出版社，2023.10
ISBN 978-7-122-43831-7

Ⅰ.①A… Ⅱ.①A… Ⅲ.①图像处理软件 Ⅳ.①TP391.413

中国国家版本馆CIP数据核字（2023）第133181号

责任编辑：吴思璇 李 辰 孙 炜　　　　　　封面设计：异一设计
责任校对：李雨晴　　　　　　　　　　　　　装帧设计：盟诺文化

出版发行：化学工业出版社（北京市东城区青年湖南街13号 邮政编码100011）
印　　装：北京瑞禾彩色印刷有限公司
710mm×1000mm 1/16 印张13³/₄ 字数298千字 2023年10月北京第1版第1次印刷

购书咨询：010-64518888　　　　　　　　　　售后服务：010-64518899
网　　址：http://www.cip.com.cn
凡购买本书，如有缺损质量问题，本社销售中心负责调换。

定　　价：88.00元　　　　　　　　　　　　　　　版权所有　违者必究

前言

党的二十大报告指出，加快发展数字经济，促进数字经济和实体经济深度融合，打造具有国际竞争力的数字产业集群。

在数字化时代，人工智能已经深入各行各业，AI绘画也不例外。AI技术为人们提供了前所未有的创作和表达方式，极大地拓展了艺术的边界。

本书旨在帮助读者从一个新手成长为一名AI绘画高手，借助AI技术的力量，释放自己的创造力和想象力，使绘画作品更加独特、生动、令人赞叹。本书从文案、图片到视频，让读者步步精通AI绘画，快速成为AI绘画高手。

本书共分为4篇内容，具体如下。

【AI文案篇】：主要包括文案创作的基础与平台、ChatGPT的使用技巧与行业应用、ChatGPT关键词的提问与生成技巧、广告/短视频与直播文案创作等内容。

【AI图片篇】：主要包括AI绘画的原理与平台、运用文心一格快速生成图片、运用Midjourney进行AI绘图、Logo/插画与漫画创作等内容。

【AI视频篇】：主要包括AI视频制作的概况与平台、运用剪映快速生成热门视频、运用Premiere进行AI视频制作、自媒体/虚拟主播/口播视频创作等内容。

【综合案例篇】：主要包括AI全流程的制作方法，讲解了从文案到图片再到视频，如何一步一步精通AI绘画，创作出精美的短视频作品。

本书将分享实用的AI绘画技巧，帮助读者用AI捕捉瞬间的美丽并表达内心的情感。无论是绘画艺术家，还是对AI绘画技术感兴趣的读者，本书都将为你提供宝贵的知识和实践指导。

特别提示：本书在编写时是基于当前各种AI工具和软件的界面截取的实际操作图片，但本书从编辑到出版需要一段时间，这些工具的功能和界面可能会有变动，请在阅读时根据书中的思路，举一反三，进行学习。此外，AI工具和软件通过关键词生成内容仅作为教学演示，其内容不代表作者的观点。还需要注意的是，即使是相同的关键词，AI每次生成的文案、图片或视频内容也会有所差别。

本书由AIGC文画学院编著，参与编写的人员还有胡杨、苏高等人，在此表示感谢。由于作者知识水平有限，书中难免有疏漏之处，恳请广大读者批评、指正，沟通和交流请联系微信：2633228153。

编　者
2023年6月

目录

【AI 文案篇】

【AI 图片篇】

【AI 视频篇】

【综合案例篇】

第 13 章　AI 全流程的制作方法

第 1 章
工具入门：AI 生成文案的好帮手

随着人工智能技术的不断发展，它已经在各个领域的应用中发挥着越来越重要的作用。AI（Artificial Intelligence，人工智能）文案也是其中之一，它通过机器算法可以在短时间内迅速生成大量高质量的文案内容，运用这些 AI 文案可以进行 AI 绘画操作，帮助绘画师节约大量的时间和精力。本章主要介绍 AI 文案的基础知识与相关平台。

1.1 AI文案的基础知识

AI文案是一种由机器生成的文案，它可以生成句子或文章，通过句子进行AI绘画，可以大大提高绘画师的工作效率。本节主要介绍AI文案的概念、特点、原理及发展历程，帮助大家熟悉AI文案的基础知识，为学习AI绘画奠定良好的基础。

1.1.1 AI文案的概念

AI文案是由人工智能技术生成的各种文本内容，包括绘画关键词、营销文本及宣传文本等，通过强大的AI技术，可以将自己的绘画想法轻松变成文字内容。它是一种由机器自动生成的文案，只需要用户输入关键词或者句子，就能自动得到一段符合用户想法和要求的关键词文案，既专业又高效，如图1-1所示。

> **SU** 我想要绘制一张汽车广告图片，可以生成哪些关键词？
>
> 当绘制汽车广告图片时，以下是一些可能有用的关键词。
>
> 1. 汽车品牌：选择特定的汽车品牌，如"宝马""奥迪""丰田"等。
> 2. 汽车型号：选择具体的汽车型号，如"X5""A4""卡罗拉"等。
> 3. 动力和性能：强调汽车的动力和性能特点，如"高马力""快速加速""燃油经济性"等。
> 4. 设计和外观：描述汽车的设计和外观特征，如"流线型外观""时尚设计""独特造型"等。
> 5. 安全性能：强调汽车的安全性能和功能，如"多重安全气囊""先进的刹车系统""智能驾驶辅助"等。
> 6. 舒适和内饰：突出汽车的舒适性和内饰特点，如"豪华座椅""先进的娱乐系统""宽敞的内部空间"等。
> 7. 环保特性：强调汽车的环保特性，如"零排放""混合动力""低燃油消耗"等。
> 8. 特别功能：提及汽车的特别功能或特殊配置，如"全景天窗""智能导航系统""后倒车摄像头"等。
> 9. 价格和促销：提及汽车的价格范围或特殊促销活动，如"经济实惠""特价优惠""限时折扣"等。
> 10. 品牌口号：使用汽车品牌的口号或标语，如"驾驶激情，无与伦比""领先科技，引领未来"等。
>
> 这些关键词可以帮助用户思考并创作出一张有吸引力的汽车广告图片。记得结合图像元素、色彩和排版来传达自己想要表达的信息。

图 1-1 AI 文案

一个好的文案可以让产品得到更好的营销和宣传，让消费者记住它。但文案创作需要丰富的写作技巧和经验，对许多产品和服务来说具有一定的难度，这时AI文案工具就能够帮助人们解决这一系列难题。图1-2所示为以"六一儿童节"为主题自动生成的一篇文案内容。

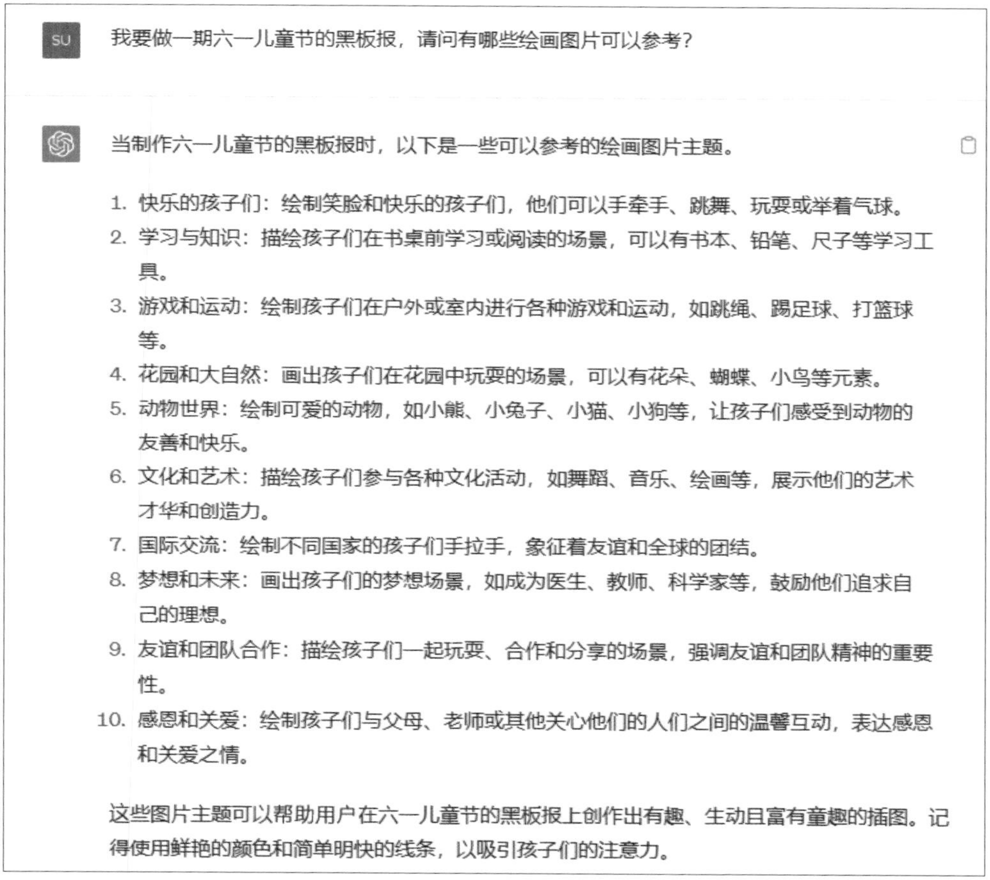

> **SU** 我要做一期六一儿童节的黑板报，请问有哪些绘画图片可以参考？
>
> 当制作六一儿童节的黑板报时，以下是一些可以参考的绘画图片主题。
>
> 1. 快乐的孩子们：绘制笑脸和快乐的孩子们，他们可以手牵手、跳舞、玩耍或举着气球。
> 2. 学习与知识：描绘孩子们在书桌前学习或阅读的场景，可以有书本、铅笔、尺子等学习工具。
> 3. 游戏和运动：绘制孩子们在户外或室内进行各种游戏和运动，如跳绳、踢足球、打篮球等。
> 4. 花园和大自然：画出孩子们在花园中玩耍的场景，可以有花朵、蝴蝶、小鸟等元素。
> 5. 动物世界：绘制可爱的动物，如小熊、小兔子、小猫、小狗等，让孩子们感受到动物的友善和快乐。
> 6. 文化和艺术：描绘孩子们参与各种文化活动，如舞蹈、音乐、绘画等，展示他们的艺术才华和创造力。
> 7. 国际交流：绘制不同国家的孩子们手拉手，象征着友谊和全球的团结。
> 8. 梦想和未来：画出孩子们的梦想场景，如成为医生、教师、科学家等，鼓励他们追求自己的理想。
> 9. 友谊和团队合作：描绘孩子们一起玩耍、合作和分享的场景，强调友谊和团队精神的重要性。
> 10. 感恩和关爱：绘制孩子们与父母、老师或其他关心他们的人们之间的温馨互动，表达感恩和关爱之情。
>
> 这些图片主题可以帮助用户在六一儿童节的黑板报上创作出有趣、生动且富有童趣的插图。记得使用鲜艳的颜色和简单明快的线条，以吸引孩子们的注意力。

图 1-2 以"六一儿童节"为主题自动生成的一篇文案内容

1.1.2 AI 文案的特点

AI文案是使用自然语言生成技术的一种应用，其目的是为企业或品牌提供更有效的营销文案，以增加销售和提高品牌知名度，通过文案关键词还可以生成各种想要的AI图片或AI视频。总体来说，AI文案具有以下7个特点，如图1-3所示。

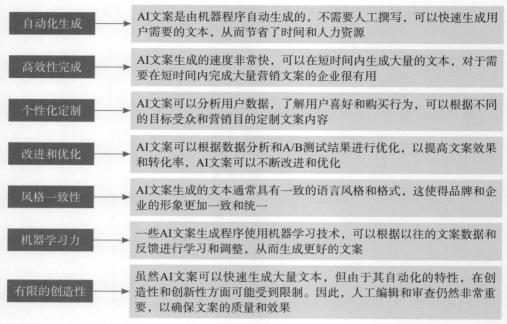

图 1-3　AI 文案的特点

1.1.3　AI 文案的原理

AI文案的原理是基于自然语言处理和机器学习技术的，它可以通过大量的文本数据进行学习和训练，逐渐识别和理解人类的语言模式，通过分析用户提供的主题和关键词，进行自动推理，从而生成各种高质量的文章、段落或句子等。

具体来说，AI文案的生成过程通常包括以下几个步骤，如图1-4所示。

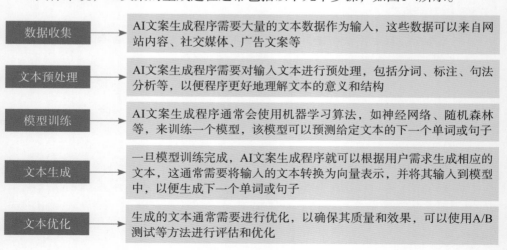

图 1-4　AI 文案的生成过程

1.1.4　AI文案的发展历程

随着人工智能技术的不断发展，AI文案自动生成技术也在不断演进。从最初的简单模板填充到现在的深度学习模型，AI文案自动生成技术已经实现了从语法、句法到语义的全面覆盖。AI文案的发展历程可以追溯到20世纪50年代，以下是一些重要的里程碑，如图1-5所示。

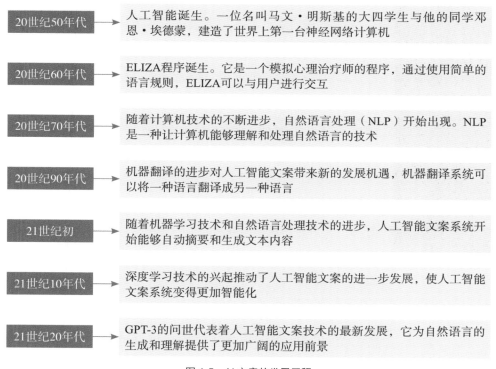

图 1-5　AI 文案的发展历程

1.2　AI文案的常用平台与软件

使用各种人工智能平台能够生成不同类型的AI文案内容，用户可以根据自己需要的内容类型，以及相关的主题或领域，来选择合适的AI创作平台或工具，人工智能会尽力为用户提供满意的结果。本节主要介绍一些AI文案的常用平台与软件，帮助大家快速创作出优质的文案内容，使绘画师能创作出优秀的绘画作品。

1.2.1　ChatGPT

ChatGPT是一种基于人工智能技术的聊天机器人，它使用了自然语言处理和深度学习等技术，可以进行自然语言的对话，回答用户提出的各种问题，如图1-6所示，并提供相关的信息和建议。

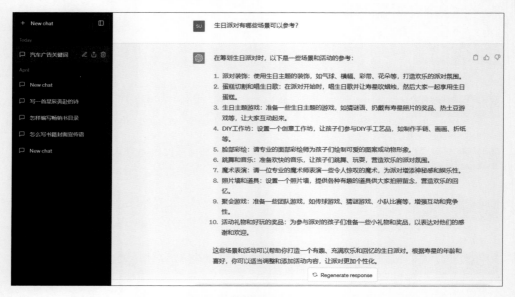

图 1-6　ChatGPT 能够回答用户提出的各种问题

ChatGPT的核心算法基于GPT（Generative Pre-trained Transformer，生成式预训练转换）模型，这是一种由人工智能研究公司OpenAI开发的深度学习模型，可以生成自然语言的文本。

★ 专家提醒 ★

ChatGPT 可以与用户进行多种形式的交互，如文本聊天、语音识别、语音合成等。ChatGPT 可以应用在多种场景中，如客服、语音助手、教育、娱乐等领域，帮助用户解决问题，提供娱乐和知识服务。

1.2.2　文心一言

文心一言平台是一个面向广大用户的文学写作工具，它提供了各种文学素材和写作指导，帮助用户更好地进行文学创作。

图1-7所示为使用文心一言生成的作文。在文心一言平台上，用户可以利用

人工智能技术生成与主题相关的文案，包括句子、段落、故事情节、人物形象描述等，帮助用户更好地理解主题和构思作品。

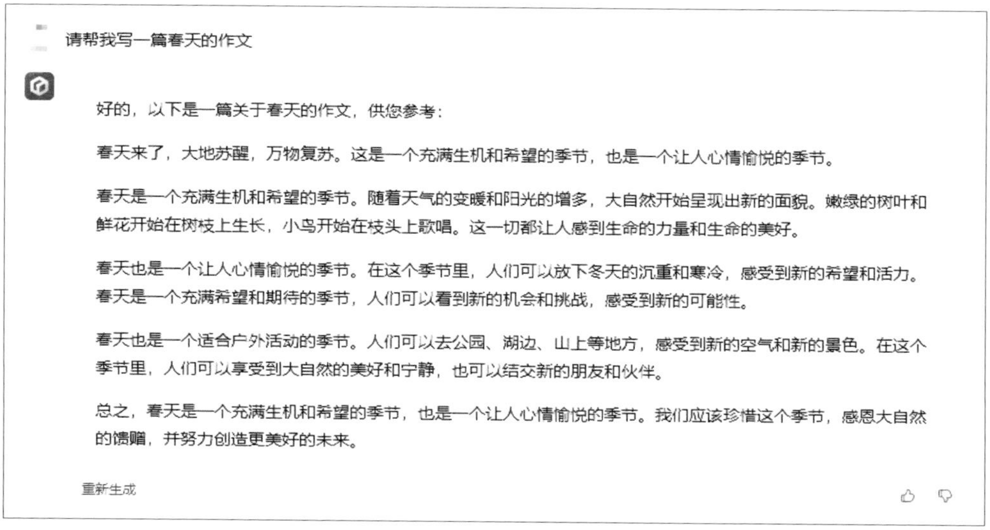

图1-7　使用文心一言生成的作文

此外，文心一言平台还提供了一些写作辅助工具，如情感分析、词汇推荐、排名对比等，让用户可以更全面地了解自己的作品，并对其进行优化和改进。同时，文心一言平台还设置了创作交流社区，用户可以在这里与其他作家分享自己的作品，交流创作心得，获取反馈和建议。

总的来说，百度飞桨的文心一言平台为广大文学爱好者和写作者提供了一个非常有用的AI工具，帮助他们更好地进行文学创作。

1.2.3　通义千问

通义千问平台是阿里云推出的一个超大规模的语言模型，具有多轮对话、文案创作、逻辑推理、多模态理解、多语言支持等功能。通义千问平台由阿里巴巴内部的知识管理团队创建和维护，包括大量的问答对话和相关的知识点。图1-8所示为使用通义千问写的文章。

据悉，阿里巴巴的所有产品都将接入通义千问大模型，进行全面改造。通义千问支持自由对话，可以随时打断、切换话题，能根据用户需求和场景随时生成内容。同时，用户可以用自己的行业知识和应用场景，训练自己的专属大模型。

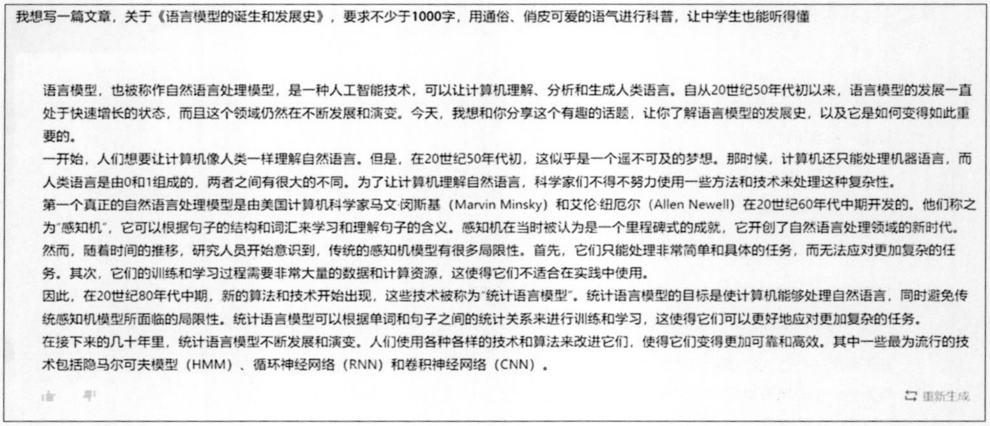

我想写一篇文章，关于《语言模型的诞生和发展史》，要求不少于1000字，用通俗、俏皮可爱的语气进行科普，让中学生也能听得懂

语言模型，也被称作自然语言处理模型，是一种人工智能技术，可以让计算机理解、分析和生成人类语言。自从20世纪50年代初以来，语言模型的发展一直处于快速增长的状态，而且这个领域仍然在不断发展和演变。今天，我想和你分享这个有趣的话题，让你了解语言模型的发展史，以及它是如何变得如此重要的。

一开始，人们想要让计算机像人类一样理解自然语言。但是，在20世纪50年代初，这似乎是一个遥不可及的梦想。那时候，计算机还只能处理机器语言，而人类语言是由0和1组成的，两者之间有很大的不同。为了让计算机理解自然语言，科学家们不得不努力使用一些方法和技术来处理这种复杂性。

第一个真正的自然语言处理模型是由美国计算机科学家马文·闵斯基（Marvin Minsky）和艾伦·纽厄尔（Allen Newell）在20世纪60年代中期开发的。他们称之为"感知机"，它可以根据句子的结构和词汇来学习和理解句子的含义。感知机在当时被认为是一个里程碑式的成就，它开创了自然语言处理领域的新时代。

然而，随着时间的推移，研究人员开始意识到，传统的感知机模型有很多局限性。首先，它们只能处理非常简单和具体的任务，而无法应对更加复杂的任务。其次，它们的训练和学习过程需要非常大量的数据和计算资源，这使得它们不适合在实践中使用。

因此，在20世纪80年代中期，新的算法和技术开始出现，这些技术被称为"统计语言模型"。统计语言模型的目标是使计算机能够处理自然语言，同时避免传统感知机模型所面临的局限性。统计语言模型可以根据单词和句子之间的统计关系来进行训练和学习，这使得它们可以更好地应对更加复杂的任务。

在接下来的几十年里，统计语言模型不断发展和演变。人们使用各种各样的技术和算法来改进它们，使得它们变得更加可靠和高效。其中一些最为流行的技术包括隐马尔可夫模型（HMM）、循环神经网络（RNN）和卷积神经网络（CNN）。

重新生成

图 1-8　使用通义千问写的文章

通义千问平台使用了人工智能技术和自然语言处理技术，使得用户可以使用自然语言进行问题的提问，同时系统能够根据问题的语义和上下文，提供准确的答案和相关的知识点。这种智能化的问答机制不仅提高了用户的工作效率，还可以减少一些重复性工作和人为误差。

总之，通义千问是一个专门响应人类指令的语言大模型，它可以理解和回答各种领域的问题，包括常见的、复杂的甚至是少见的问题。

1.2.4　百度大脑

百度大脑智能创作平台推出的智能写作工具，是一个一站式的文章创作助手，它集合了全网热点资讯素材，并通过AI自动创作，一键生成爆款。同时，智能写作工具还有智能纠错、标题推荐、用词润色、文本标签、原创度识别等功能，可以帮助用户快速创作多领域的文章。

另外，百度大脑智能创作平台中的智能写诗功能非常强大，结合中文语义分析和深度学习模型，系统会对任意关键词进行语义理解与分析，充分考虑每句诗词的格律要求，AI可以智能生成措辞得当、韵律和谐的七言绝句，助力内容生产，如图1-9所示。

★ 专家提醒 ★

智能写作工具可以提供全网 14 个行业分类、全国省市县三级地域数据服务，并通过热度趋势、关联词汇等多角度内容为用户提供思路和素材，有效提升创作效率。

图1-9　利用百度大脑生成的七言绝句

1.2.5　弈写

弈写（全称为弈写AI辅助写作）通过AI辅助选题、AI辅助写作、AI话题梳理、AI辅助阅读和AI辅助组稿五大辅助手段，有效帮助资讯创作者提升内容生产效率，并且拓展其创作的深度和广度。图1-10所示为使用弈写生成的文章内容。

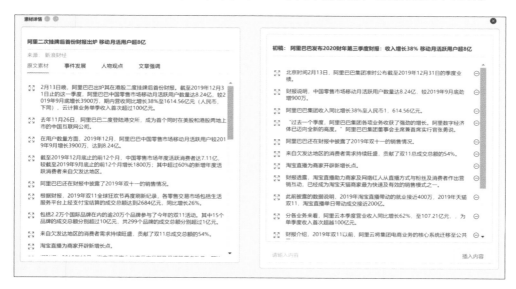

图1-10　使用弈写生成的文章内容

1.2.6　悉语

悉语智能文案是阿里妈妈创意中心出品的一款一键生成商品营销文案的工具。用户可以复制天猫或淘宝平台上的产品链接并添加到悉语智能文案工具中，单击"生成文案"按钮，该工具会自动生成产品的营销文案，包括场景文案、内容营销文案和商品属性文案等，如图1-11所示。

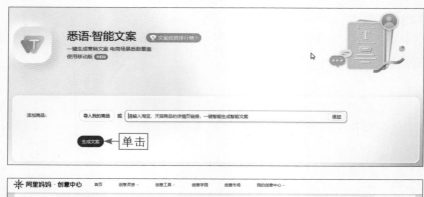

图 1-11　使用悉语智能文案平台生成的产品营销文案

1.2.7　字语智能

字语智能（原Get写作）平台是一个运用人机协作的方式，帮助用户快速完成大纲创建和内容（包含Word、图片、视频、PPT等一系列格式）生成的AI创作平台，从输入到输出辅助用户进行高效绘画与办公。

字语智能平台的主要功能如下。

（1）AI创作：AI一键生成提纲，智能填充优质内容，准确传达信息，可生成不同的主题、想法与段落，增强用户的创新性思路，并且可以节省大量的时间和精力，提高写作效率。

（2）灵感推荐：智能筛选各大媒体平台的内容并进行整合分析，通过算法推荐相关领域的优质文章和素材内容，为用户节省大量时间。

（3）AI配图：用户只需输入几个简单的文字描述，即可通过AI自动生成想要的图片，并将其一键引入到文章中，不仅可以为绘画师节省大量寻找素材的时间，而且这种高质量的配图能够事半功倍地创作出优质文章。

（4）创作模板：字语智能平台提供了海量的创作模板，涵盖历史、电影、科技、音乐、穿搭等多个领域写作方向，如图1-12所示，而且还可以结合主题智能生成动态的写作大纲，一键完成用户的写作需求，复刻优质的文案内容，实现效率和效果的最大化。

图 1-12　字语智能平台中的创作模板

（5）智能纠错：通过AI快速识别文章中的语病和错句，标注错误原因并提出修改意见。

（6）智能摘要：通过AI自动提炼文章中的核心要点，浓缩成文章摘要说明。

（7）智能检测：通过AI一键查重，判断文章的原创程度，识别出风险内容。

（8）智能改写：通过AI对文章内容做同义调整，实现写作表达的多样化需求。

1.2.8 Effidit

Effidit（Efficient and Intelligent Editing，高效智能编辑）是由腾讯AI Lab（人工智能实验室）开发的一款创意辅助工具，可以提高用户的写作效率和创作体验。Effidit的功能包括智能纠错、短语补全、文本续写、句子补全、短语润色、例句推荐、论文检索、翻译等。图1-13所示为Effidit的文本续写功能示例。

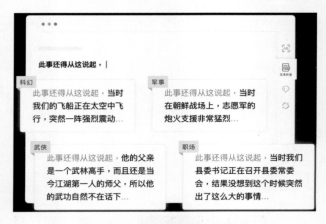

图 1-13　Effidit 的文本续写功能示例

本章小结

本章主要向读者介绍了AI文案创作的基础知识、平台与软件，首先介绍了AI文案的概念、特点、原理及发展历程等，然后介绍了ChatGPT、文心一言、通义千问、百度大脑、奕写、悉语、字语智能及Effidit等AI文案工具。通过对本章的学习，读者能够更好地选择和使用各种AI文案创作平台和工具，利用这些平台自动生成的关键词和句子，创作出优秀的AI绘画作品。

课后习题

鉴于本章知识的重要性，为了帮助读者更好地掌握所学知识，本节将通过课后习题，帮助读者进行简单的知识回顾和补充。

1. 使用ChatGPT写一篇关于花卉种植技术的文章。

2. 使用百度大脑写一篇关于春天的七言绝句诗词。

第 2 章
ChatGPT 的使用技巧与行业应用

ChatGPT 是一种基于人工智能技术的自然语言处理系统，它可以模仿人类的语言行为，实现人机之间的自然语言交互。ChatGPT 可以用于智能客服、虚拟助手、自动问答系统等场景，提供自然、高效的人机交互体验。本章主要介绍 ChatGPT 的使用技巧，以及相关入门操作与应用。

2.1 ChatGPT的入门操作

ChatGPT为人类提供了一种全新的交流方式，能够通过自然的语言交互，来实现更加高效、便捷的人机交互。未来，随着技术的不断进步和应用场景的不断扩展，ChatGPT的发展也将会更加迅速，带来更多行业创新和应用价值。

本节主要介绍ChatGPT的入门操作，如ChatGPT的发展史、主要功能及使用方法等，帮助用户更灵活地应用ChatGPT进行人机互动。

2.1.1 了解 ChatGPT 的发展史

ChatGPT的历史可以追溯到2018年，当时OpenAI公司发布了第一个基于GPT-1架构的语言模型。在接下来的几年中，OpenAI不断改进和升级这个系统，推出了GPT-2、GPT-3、GPT-3.5、GPT-4等版本，使得它的处理能力和语言生成质量都得到了大幅提升。

ChatGPT的发展离不开深度学习和自然语言处理技术的不断进步，这些技术的发展使得机器可以更好地理解人类语言，并且能够进行更加精准和智能的回复。ChatGPT采用深度学习技术，通过学习和处理大量的语言数据集，从而具备了自然语言理解和生成的能力。

自然语言处理（Natural Language Processing，NLP）是计算机科学与人工智能交叉的一个领域，它致力于研究计算机如何理解、处理和生成自然语言，是人工智能领域的一个重要分支。自然语言处理的发展史可以分为以下几个阶段，如图2-1所示。

规则化方法 ➤ 1950年～1970年，早期的自然语言处理研究主要采用基于规则的方法，即将语言知识以人工方式编码成一系列规则，并利用计算机程序对文本进行分析和理解。由于自然语言具有复杂性、模糊性、歧义性等特点，因此规则化方法在实际应用中存在一定的局限性

统计学习方法 ➤ 1970年～2000年，随着计算机存储空间和处理能力的不断提高，自然语言处理开始采用统计学习方法，即通过学习大量的语言数据来自动推断语言规律，从而提高文本理解和生成的准确性，这种方法在机器翻译、语音识别等领域得到了广泛应用

深度学习方法 → 2000年至今，随着深度学习技术的不断发展，自然语言处理开始采用神经网络等深度学习方法，通过多层次的神经网络来提取文本的语义和结构信息，从而让文本理解和生成变得更加高效、准确。其中，基于Transformer的语言模型（如GPT-3）已经实现了人机交互的自然语言处理

图 2-1　自然语言处理的发展史

★ 专 家 提 醒 ★

Transformer 是一种用于自然语言处理的神经网络模型，它使用了自注意力机制（Self-Attention Mechanism）来对输入的序列进行编码和解码，从而理解和生成自然语言文本。大规模的数据集和强大的计算能力，也是推动 ChatGPT 发展的重要因素。在不断积累和学习人类语言数据的基础上，ChatGPT 的语言生成和对话能力越来越强大，能够实现更加自然流畅和有意义的交互。

总的来说，自然语言处理的发展经历了规则化方法、统计学习方法和深度学习方法3个阶段，每个阶段都有其特点和局限性。未来，随着技术的不断进步和应用场景的不断拓展，自然语言处理也将会迎来更加广阔的发展前景。

2.1.2　熟悉产品模式和主要功能

ChatGPT是一种语言模型，它的产品模式主要是提供自然语言生成和理解的服务。ChatGPT的产品模式包括以下两个方面，如图2-2所示。

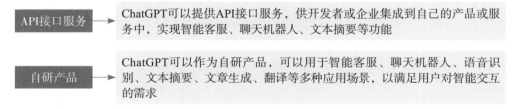

API接口服务 → ChatGPT可以提供API接口服务，供开发者或企业集成到自己的产品或服务中，实现智能客服、聊天机器人、文本摘要等功能

自研产品 → ChatGPT可以作为自研产品，可以用于智能客服、聊天机器人、语音识别、文本摘要、文章生成、翻译等多种应用场景，以满足用户对智能交互的需求

图 2-2　ChatGPT 的产品模式

无论是提供API接口服务还是自研产品，ChatGPT都需要在数据预处理、模型训练、服务部署、性能优化等方面进行不断优化，以提供更高效、更准确、更智能的服务，从而赢得用户的信任和认可。

★ 专 家 提 醒 ★

API（Application Programming Interface，应用程序编程接口）接口服务是一种提供给其他应用程序访问和使用的软件接口。在人工智能领域中，开发者或企业可以

通过 API 接口服务将自然语言处理或计算机视觉等技术集成到自己的产品或服务中，以提供更智能的功能和服务。

ChatGPT的主要功能是自然语言处理和生成，包括文本的自动摘要、文本分类、对话生成、文本翻译、语音识别、语音合成等方面。ChatGPT可以接受输入的文本、语音等形式，然后对其进行语言理解、分析和处理，最终生成相应的输出结果。

例如，用户可以在ChatGPT中输入需要翻译的文本，如"我要绘制一幅风景图，有山、有水、有房子，春意盎然。能帮我把这句话翻译成英文吗，直接回复英文内容即可。"ChatGPT将自动检测用户输入的源语言，并翻译成用户所选择的目标语言，如图2-3所示。

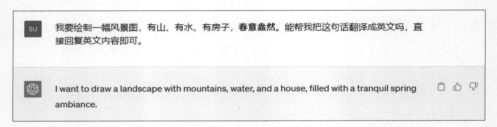

图 2-3　ChatGPT 的文本翻译功能

ChatGPT主要基于深度学习和自然语言处理等技术来实现这些功能，它采用了类似于神经网络的模型进行训练和推理，模拟人类的语言处理和生成能力，可以处理大规模的自然语言数据，生成质量高、连贯性强的语言模型，具有广泛的应用前景。

2.1.3　掌握 ChatGPT 的使用方法

了解了ChatGPT之后，接下来介绍ChatGPT的使用方法，具体操作步骤如下。

扫码看教学视频

步骤01 打开ChatGPT的聊天窗口，单击底部的输入框，如图2-4所示。

步骤02 输入相应的关键词，如"绘制一幅建筑图，需要哪些关键元素？请用表格列出来"，如图2-5所示。

步骤03 单击输入框右侧的发送按钮 或按【Enter】键，ChatGPT即可根据要求生成相应的表格，如图2-6所示。

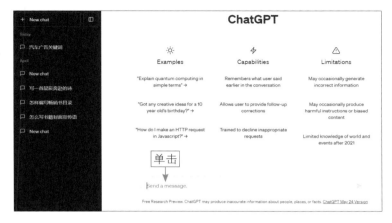

图 2-4　单击底部的输入框

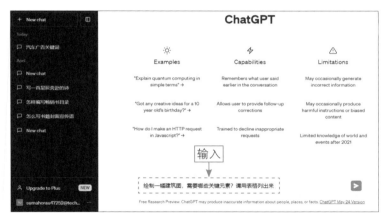

图 2-5　输入相应的关键词

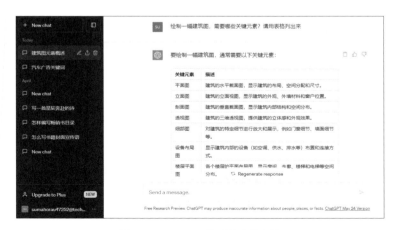

图 2-6　ChatGPT 生成相应的表格

2.1.4　添加指令让文案更有温度

通常情况下，ChatGPT生成的文案虽然非常严谨，但略显死板、单调，其实用户只需要使用一个指令就能让它变得天马行空。想让ChatGPT的回答更灵活，用户可以在关键词的结尾加上这条指令：Please generate the answer at x或use a temperature of x（请用x的温度生成答案），下面通过实操对比一下。

步骤01 首先在ChatGPT中输入"请写一段关于童年的故事"，没有添加温度指令，生成的答案如图2-7所示。

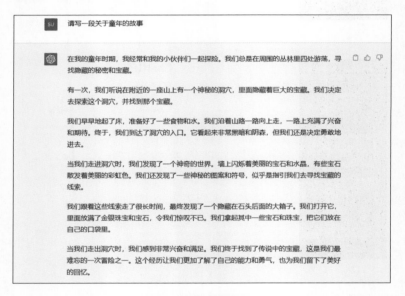

图 2-7　没有添加温度指令生成的答案

步骤02 接下来再加上温度指令，在ChatGPT中输入"请写一段关于童年的故事，use a temperature of 1"，生成的答案如图2-8所示。可以看到，两个回答的对比非常明显，没有温度指令生成的回答比较机械化，而添加温度指令后生成的回答则犹如小说情节一样，更有吸引力。

★ 专家提醒 ★

x 为一个数值，范围为 0.1 ~ 1 之间。低温度可以让 ChatGPT 的回答变得稳重且有保障，高温度则可以让 ChatGPT 的回答充满创意与想象力。

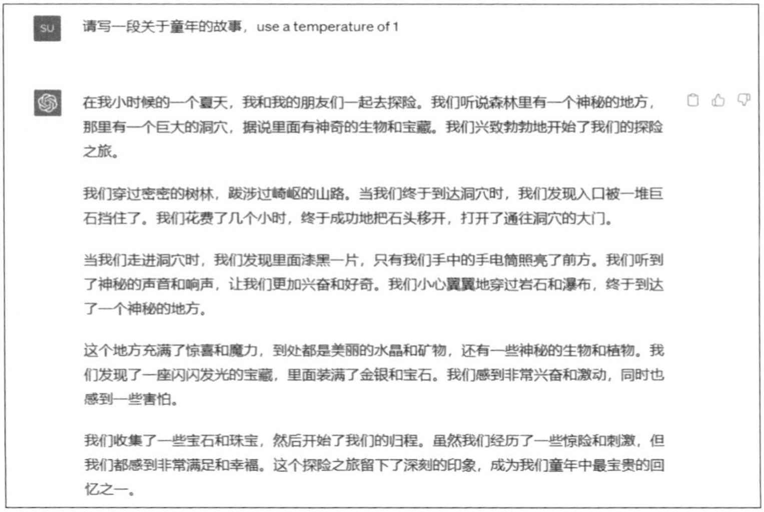

SU 请写一段关于童年的故事，use a temperature of 1

在我小时候的一个夏天，我和我的朋友们一起去探险。我们听说森林里有一个神秘的地方，那里有一个巨大的洞穴，据说里面有神奇的生物和宝藏。我们兴致勃勃地开始了我们的探险之旅。

我们穿过密密的树林，跋涉过崎岖的山路。当我们终于到达洞穴时，我们发现入口被一堆巨石挡住了。我们花费了几个小时，终于成功地把石头移开，打开了通往洞穴的大门。

当我们走进洞穴时，我们发现里面漆黑一片，只有我们手中的手电筒照亮了前方。我们听到了神秘的声音和响声，让我们更加兴奋和好奇。我们小心翼翼地穿过岩石和瀑布，终于到达了一个神秘的地方。

这个地方充满了惊喜和魔力，到处都是美丽的水晶和矿物，还有一些神秘的生物和植物。我们发现了一座闪闪发光的宝藏，里面装满了金银和宝石。我们感到非常兴奋和激动，同时也感到一些害怕。

我们收集了一些宝石和珠宝，然后开始了我们的归程。虽然我们经历了一些惊险和刺激，但我们都感到非常满足和幸福。这个探险之旅留下了深刻的印象，成为我们童年中最宝贵的回忆之一。

图 2-8　添加温度指令后生成的答案

2.2 ChatGPT的使用技巧

需要注意的是，ChatGPT是基于自然语言处理技术的，因此它可能无法在所有情况下都提供完全准确的答案。但是，随着时间的推移，ChatGPT会不断学习和改进，变得更加智能和准确。本节将介绍ChatGPT的一些使用技巧，通过掌握这些基本使用方法，用户能够更好地利用ChatGPT的强大功能。

2.2.1 生成图文并茂的文案内容

通常情况下，用户在使用ChatGPT撰写文章时，只能生成文字内容，用户需要在后续润色时再通过其他编辑软件去添加图片。

例如，在ChatGPT中输入“描述一下海边风光，并给我一张海边风光的图片”，生成的文章内容如图2-9所示。可以看到，虽然ChatGPT尝试去调用网络中符合要求的图片，但图片无法显示出来。

其实，用户可以在关键词的后面添加一条指令“发送图片时候请用markdown语言生成，不要反斜线，不要代码框，不要文字介绍，图片链接”，即可让ChatGPT自动进行配图。

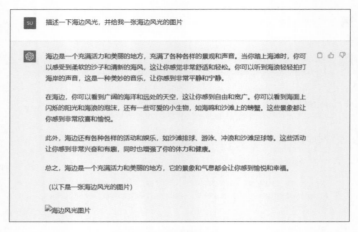

图 2-9　图片无法显示的文章内容

　　markdown是一种轻量级的标记语言，它允许用户使用易读易写的纯文本格式编写文档，并通过一些简单的标记语法来实现文本的格式化。markdown语言的语法简洁明了，学习成本低，因此被广泛应用于写作、博客、笔记、文档等领域。

　　接下来加入这个指令再生成一次，将上面的关键词修改为"描述一下海边风光，并给我一张海边风光的图片，发送图片时候请用markdown语言生成，不要反斜线，不要代码框，不要文字介绍，XXX（此处为图片链接）"，ChatGPT即可利用markdown语言生成图片链接，获得图文并茂的文章内容，如图2-10所示。

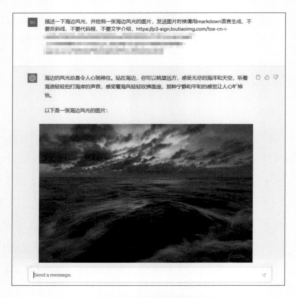

图 2-10　图文并茂的文章内容

2.2.2　模仿其他写作风格生成文案

扫码看教学视频

ChatGPT可以模仿各种平台或作者的写作风格，用户在输入关键词时，只需要告诉ChatGPT要模仿的平台或作者的具体风格和特征，ChatGPT会尽可能地模仿他们的风格来写作。下面以模仿新浪微博的写作风格为例，向大家讲解具体操作方法。

步骤01 在ChatGPT中输入"你知道新浪微博吗"，ChatGPT给出的回答如图2-11所示，这一步的目的是为了让ChatGPT更好地定位文案的受众和风格。

> **SU** 你知道新浪微博吗
>
> 是的，我知道新浪微博。它是一个中国的社交媒体平台，用户可以在上面发布微博、关注其他用户、点赞、评论、转发等互动。它成立于2009年，是中国最大的社交媒体平台之一，拥有数亿用户。

图 2-11　"你知道新浪微博吗"的回答

步骤02 在ChatGPT中输入"用新浪微博的内容风格撰写一篇200字的文章"，ChatGPT即可根据新浪微博的内容风格来生成文章，如图2-12所示。

> **SU** 用新浪微博的内容风格撰写一篇200字的文章
>
> 在新浪微博上，用户可以分享各种内容，包括文字、图片、视频等，风格多样。今天，我来分享一篇200字的微博文章，希望能引起大家的共鸣。
>
> 这是一个温暖的春天，阳光明媚，微风轻拂。我走在街头，感受到了生活的美好和幸福。在这个瞬间，我想对所有人说："珍惜生命，感恩生活。"
>
> 生命是如此的宝贵，我们要好好珍惜。无论是面对生活中的苦难还是挑战，我们都要勇敢面对，坚持不懈地追求自己的梦想和目标。而感恩生活，则是对生命的一种回报。生命中有许多美好的事物，例如亲情、友情、爱情、阳光、花草等等，我们要懂得欣赏、感恩。
>
> 生活中也会有许多不如意和烦恼，但是我们要学会积极应对，用心态来决定自己的情绪和状态。人生不易，让我们一起勇敢面对挑战，享受生命中的美好时光。
>
> 以上就是我在新浪微博上分享的一篇200字文章，希望它能给大家带来一些启示和思考。

图 2-12　根据新浪微博的内容风格生成的文章

需要注意的是，ChatGPT提供的文案只是基于语言模型训练生成的，用户需要根据具体情况进行进一步的修改和优化，以符合特定的要求和标准。同时，使用ChatGPT进行文案写作时，用户也需要根据自己的经验和判断，进行适当的调整和改进，使文案具有更高的创意性、准确性和可读性。

2.2.3 如何让 ChatGPT 的回答更加精准

同样都是使用ChatGPT生成的答案，无效提问和有效提问获得的答案质量可以说是天壤之别。下面介绍一个在ChatGPT中获得高质量答案的提问结构。

扫码看教学视频

步骤01 首先来看一个无效的提问案例，在ChatGPT中输入"我要去西藏旅游，帮我推荐一些景点"，ChatGPT的回答如图2-13所示。可以看到，ChatGPT推荐的结果其实与百度搜索的结果没有太大区别。

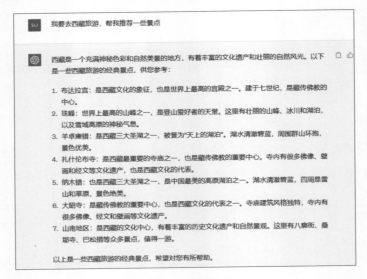

图 2-13　无效的提问案例

步骤02 接下来分析有效的提问方法，在ChatGPT中输入"我要在5月1号去西藏旅游，一天时间，请你作为一名资深导游，帮我制定一份旅游计划，包括时间、路线和用餐安排；我希望时间宽松，不用太过奔波"，ChatGPT的回答如图2-14所示。

上面这个提问案例就是采用了"交代背景+赋予身份+给出需求"的提问结构，基本上能够帮助人们解决生活中面临的大部分问题。

（1）交代背景："我要在5月1号去西藏旅游，一天时间。"

（2）赋予身份："请你作为一名资深导游，帮我制定一份旅游计划，包括时间、路线和用餐安排。"

（3）给出需求："我希望时间宽松，不用太过奔波。"

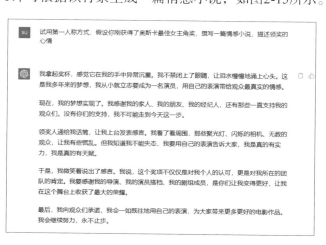

图 2-14　有效的提问案例

2.2.4　指定关键词让内容更符合要求

在通过ChatGPT创作文案时，可以使用特定的关键词，让生成的内容更加符合用户的需求。

例如，利用ChatGPT来生成一篇小说，用户只要指定与小说主题相关的关键词，即可帮助ChatGPT更好地理解你的需求。在ChatGPT中输入"试用第一人称方式，假设你刚获得了奥斯卡最佳女主角奖，撰写一篇情感小说，描述领奖的心情"，ChatGPT即可根据该背景生成一篇情感小说，如图2-15所示。

图 2-15　使用 ChatGPT 生成的情感小说

当用户给了ChatGPT一个身份后，接下来就需要给出进一步的指令，这就需要用到关联词。例如，给ChatGPT的身份为"你现在是一名编剧"，同时给出关联词"你将为电影或能够吸引观众的网络连续剧开发引人入胜且富有创意的剧本。从想出有趣的角色、故事的背景、角色之间的对话等开始。一旦你的角色发展完成——创造一个充满曲折的激动人心的故事情节，让观众一直带有悬念直到最后。我的第一个要求是'写一部以巴黎为背景的浪漫剧情电影剧本'"。

将上述关键词输入到ChatGPT中，中间还用到了一个"继续写"的关键词，ChatGPT即可根据这些关键词生成一篇完整的电影剧本，如图2-16所示。

> **SU** 你现在是一名编剧，你将为电影或能够吸引观众的网络连续剧开发引入入胜且富有创意的剧本。从想出有趣的角色、故事的背景、角色之间的对话等开始。一旦你的角色发展完成——创造一个充满曲折的激动人心的故事情节，让观众一直带有悬念直到最后。我的第一个要求是"写一部以盗墓为背景的玄幻剧情电影剧本"

> **⑤** 电影名：《墓探》
>
> 角色：
>
> 1. 方睿：男，25岁，古迹探险家，聪明机智，勇敢果敢。
> 2. 林妍：女，23岁，大学生，好奇心强，意外卷入方睿的冒险之中。
> 3. 邱老爷子：男，75岁，方睿的祖父，传授方睿一家墓探的技能和智慧。
>
> 故事背景：
> 方睿一家代代相传墓探的技能，擅长发现并解决各种古迹中的谜题和险情。一次偶然的机会，方睿在一次墓探中发现了一个神秘的地下城市，并在其中发现了可以让人长生不老的秘药。但是，在解决了重重困难后，方睿发现这个秘药只有一瓶，而且还被恶势力所追逐，于是展开了一场惊险刺激的寻宝之旅。
>
> 剧情大纲：
> 第一幕：神秘的地下城市
> 方睿和林妍在寻找古墓的过程中，偶然发现了一座神秘的地下城市，城市中有着各种奇怪的装置和机关，这让他们感到非常兴奋。
>
> 第二幕：重重险阻
> 在进入城市后，方睿和林妍发现自己面临着重重险阻，包括机关陷阱、巨大的陨石和神秘的生物。为了继续前行，他们必须克服每一个难关。
>
> 第三幕：秘药之争
> 在解决了重重困难后，方睿和林妍终于找到了可以让人长生不老的秘药，但是却发现这个秘药只有一瓶。他们决定将秘药交给邱老爷子，但是却被一伙恶势力所追逐。
>
> 第四幕：最终决战
> 方睿和林妍不断地躲避着追捕者的追杀，最终在一座古墓中展开了一场惊心动魄的决战。在克服了种种困难和危险后，他们最终成功地将秘药交给了邱老爷子。
>
> 第五幕：结局
> 邱老爷子得到了秘药，但是他却选择放弃了它。

> **SU** 继续写

> **⑤** （接上文）
>
> 周俊深知这个工作的危险性，但他和他的伙伴们仍然决定接受这个任务，因为他们都渴望探索未知，挑战极限。在这次探险的过程中，他们经历了无数的险境，也遇到了各种神秘的谜题和阴谋。他们在一个古老的墓室中发现了一块玉佩，这块玉佩似乎是一把通向另一个墓室的钥匙。而这个墓室所藏的宝藏比他们想象中的还要珍贵，更重要的是，这个宝藏引发了一个惊天的阴谋，涉及到整个中国古代文明的秘密。
>
> 周俊和他的伙伴们需要在这个危险的世界中生存下去，破解各种古怪的谜题，揭开阴谋的真相。他们需要同时面对来自外部和内部的威胁，甚至可能面临着生死存亡的考验。他们的冒险之旅也将成为他们成长的过程，让他们认识到真正的勇气和团队精神的重要性。
>
> 这部电影将充满神秘、惊险和冒险的元素，同时也将探讨一些关于文明和历史的深刻问题。观众将跟随主角周俊一起踏上这个充满挑战和惊喜的旅程，一起体验探险的刺激和成长的感悟。

图 2-16　使用 ChatGPT 生成的电影剧本

2.3 ChatGPT的行业应用

ChatGPT是一个自然语言处理模型，它的行业应用非常广泛，可以在许多行业中发挥重要作用，帮助企业提高效率、提供更好的服务并创造更好的用户体验。本节主要介绍ChatGPT在不同行业中的应用。

2.3.1 在社交媒体行业的应用

ChatGPT在社交媒体行业有很多应用，其中最常见的是智能客服和内容生成。下面针对这两点进行相关介绍。

1. 智能客服

许多社交媒体平台都在使用智能客服来解决用户的问题，ChatGPT的自然语言处理和智能回复功能可以帮助社交媒体平台提供高效、准确的客户支持。

当用户发送一条带有问题的私信或评论时，ChatGPT可以快速识别并提供答案，而无须等待人工客服回复。这不仅可以提高用户体验，还可以减轻客服人员的工作负担。例如，在一个美食博主的社交平台中，有粉丝询问博主“请问长沙有哪些著名的美食？”此时博主可以使用ChatGPT进行智能回复，如图2-17所示。

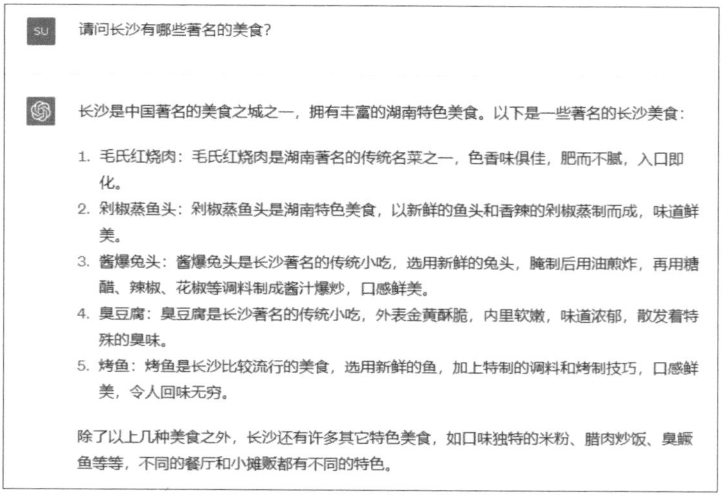
SU 请问长沙有哪些著名的美食？

长沙是中国著名的美食之城之一，拥有丰富的湖南特色美食。以下是一些著名的长沙美食：

1. 毛氏红烧肉：毛氏红烧肉是湖南著名的传统名菜之一，色香味俱佳，肥而不腻，入口即化。
2. 剁椒蒸鱼头：剁椒蒸鱼头是湖南特色美食，以新鲜的鱼头和香辣的剁椒蒸制而成，味道鲜美。
3. 酱爆兔头：酱爆兔头是长沙著名的传统小吃，选用新鲜的兔头，腌制后用油煎炸，再用糖醋、辣椒、花椒等调料制成酱汁爆炒，口感鲜美。
4. 臭豆腐：臭豆腐是长沙著名的传统小吃，外表金黄酥脆，内里软嫩，味道浓郁，散发着特殊的臭味。
5. 烤鱼：烤鱼是长沙比较流行的美食，选用新鲜的鱼，加上特制的调料和烤制技巧，口感鲜美，令人回味无穷。

除了以上几种美食之外，长沙还有许多其它特色美食，如口味独特的米粉、腊肉炒饭、臭鳜鱼等等，不同的餐厅和小摊贩都有不同的特色。

图 2-17 使用 ChatGPT 进行智能回复

2. 内容生成

许多社交媒体平台都需要大量的内容来吸引和保留用户，ChatGPT可被用于生成新的、有趣的和有吸引力的内容，如帖子、新闻报道、博客文章、视频脚本等。ChatGPT可以通过分析用户喜好和行为，来生成高质量的内容，并且可以根据不同的品牌和受众来适应不同的风格和语言。

例如，一位理财类的博主，如果想写一篇关于家庭投资理财方面的文章，此时就可以使用ChatGPT来自动生成，如图2-18所示。ChatGPT的内容生成不仅可以帮助社交媒体平台提高用户参与度和留存率，还可以减轻人工创作者的工作负担，大大提高了工作效率。

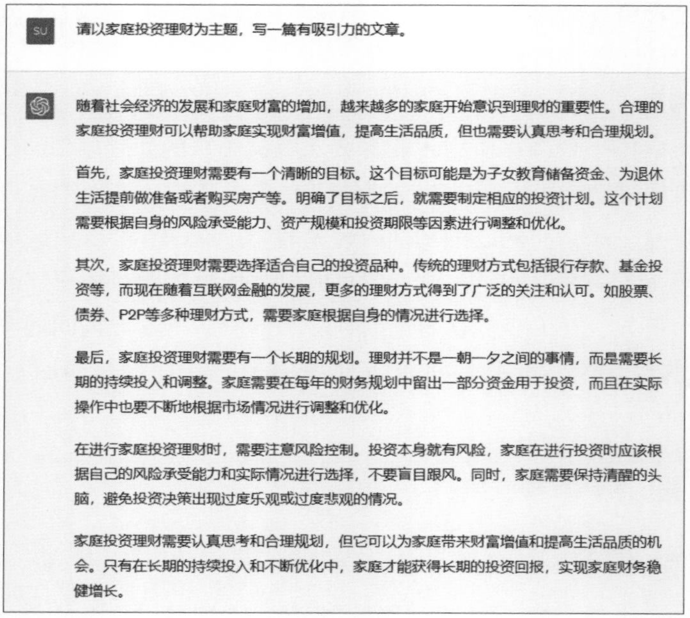
SU 请以家庭投资理财为主题，写一篇有吸引力的文章。

随着社会经济的发展和家庭财富的增加，越来越多的家庭开始意识到理财的重要性。合理的家庭投资理财可以帮助家庭实现财富增值，提高生活品质，但也需要认真思考和合理规划。

首先，家庭投资理财需要有一个清晰的目标。这个目标可能是为子女教育储备资金、为退休生活提前做准备或者购买房产等。明确了目标之后，就需要制定相应的投资计划。这个计划需要根据自身的风险承受能力、资产规模和投资期限等因素进行调整和优化。

其次，家庭投资理财需要选择适合自己的投资品种。传统的理财方式包括银行存款、基金投资等，而现在随着互联网金融的发展，更多的理财方式得到了广泛的关注和认可。如股票、债券、P2P等多种理财方式，需要家庭根据自身的情况进行选择。

最后，家庭投资理财需要有一个长期的规划。理财并不是一朝一夕之间的事情，而是需要长期的持续投入和调整。家庭需要在每年的财务规划中留出一部分资金用于投资，而且在实际操作中也要不断地根据市场情况进行调整和优化。

在进行家庭投资理财时，需要注意风险控制。投资本身就有风险，家庭在进行投资时应该根据自己的风险承受能力和实际情况进行选择，不要盲目跟风。同时，家庭需要保持清醒的头脑，避免投资决策出现过度乐观或过度悲观的情况。

家庭投资理财需要认真思考和合理规划，但它可以为家庭带来财富增值和提高生活品质的机会。只有在长期的持续投入和不断优化中，家庭才能获得长期的投资回报，实现家庭财务稳健增长。

图 2-18　使用 ChatGPT 自动生成的文章

2.3.2　在医疗行业的应用

ChatGPT在医疗行业的应用非常广泛，主要体现在以下几个方面。

（1）诊断辅助：ChatGPT可以利用其自然语言处理的能力，快速处理并分析大量医学数据，帮助医生诊断疾病，制定治疗方案。例如，在影像诊断方面，ChatGPT可以对医学影像进行分析，为医生提供患者的诊断建议。

（2）健康管理：ChatGPT可以与患者进行互动，提供健康咨询和建议。患者可以随时向ChatGPT咨询关于健康、疾病、药物等方面的问题，ChatGPT也可以根据患者的病史、症状等信息，提供针对性的健康建议。

（3）医疗知识库：ChatGPT可以帮助医生和患者获取医疗知识，快速找到答案。医疗知识库中包括医学百科、药物说明书、疾病诊疗指南等内容，ChatGPT可以通过对这些内容进行分析和理解，为医生和患者提供更加准确、全面的信息。图2-19所示为某患者通过ChatGPT获取的医疗信息。

图 2-19　某患者通过 ChatGPT 获取的医疗信息

（4）药品研发：ChatGPT可以通过对药物化学、药理学等领域的数据进行分析和预测，帮助研发人员快速发现新药物、预测药效等。ChatGPT可以在药物研发的各个阶段提供关键的决策支持。

总的来说，ChatGPT在医疗行业的应用非常广泛，可以帮助医生提高诊断和治疗水平，为患者提供更好的医疗服务。同时，ChatGPT也可以帮助医疗机构提高效率、降低成本，促进医疗行业的发展和进步。

2.3.3　在教育行业的应用

ChatGPT在教育行业中可被应用于自适应学习、智能辅助教学、个性化教育及学生情感辅导等方面，下面进行相关介绍。

（1）自适应学习：ChatGPT可以通过对学生的回答和表现进行评估和分析，从而根据学生的学习风格、进度和需求，提供相应的学习建议和内容，进行针对性指导，给予相关帮助，以实现自适应学习。

（2）智能辅助教学：ChatGPT可以根据学生的问题和困惑，提供智能辅助教学服务，包括解答问题、提供参考资料、给出学习建议等，从而提升学生的学习效果和成绩，如图2-20所示。

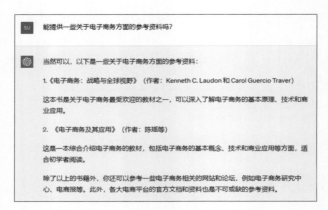

图 2-20 ChatGPT 向学生提供的参考资料

（3）个性化教育：ChatGPT可以根据学生的个性和兴趣爱好，提供个性化的教育服务，包括推荐相关的课程、活动和资源，以激发学生的学习兴趣和主动性。图2-21所示为一名艺术生，希望ChatGPT能为其推荐一些容易弹的钢琴曲。

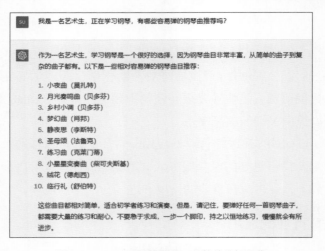

图 2-21 ChatGPT 推荐的一些简单的钢琴曲

（4）学生情感辅导：ChatGPT可以通过对学生的情感状态和表现进行分析和评估，提供相应的情感辅导服务，包括心理疏导、情感支持等，从而帮助学生更好地调整情感状态，提升学习质量和生活质量。

总之，ChatGPT的应用为教育行业带来了很多机会和挑战，需要教育机构和相关企业在技术、数据、内容等方面进行持续的投入和创新，以满足不断变化的学习需求和市场需求。

2.3.4 在旅游行业的应用

ChatGPT可以用于旅游咨询，为游客提供个性化的旅游建议，可被应用于客户服务、景点推荐、预订和支付、旅游行程规划及语言翻译等方面，如图2-22所示。

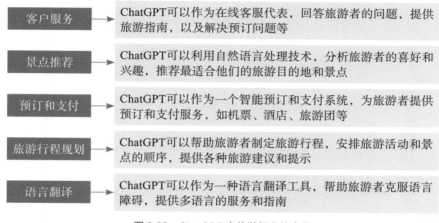

图 2-22 ChatGPT 在旅游行业的应用

总之，ChatGPT在旅游行业的应用可以帮助旅游者更好地规划和安排旅游行程，提高旅游体验，并且可以提高旅游公司的效率和服务质量。

本章小结

本章主要介绍了ChatGPT的入门操作、使用技巧与行业应用，包括ChatGPT的使用方法、生成图文并茂的文案内容、模仿其他写作风格生成文案，以及ChatGPT在不同行业中的应用等内容。通过对本章的学习，读者能够更好地使用ChatGPT。

课后习题

鉴于本章知识的重要性，为了帮助读者更好地掌握所学知识，本节将通过课后习题，帮助读者进行简单的知识回顾和补充。

1. 以花海为主题，用ChatGPT生成一篇图文并茂的文章。

2. 用ChatGPT生成一篇风格类似于微信公众号的摄影类文章。

第 3 章
ChatGPT 关键词的提问与生成技巧

关键词运用得好，不但可以让你的提问更加高效，还可以更加精准地获取需要的内容。本章主要讲解 ChatGPT 关键词的提问技巧，以及用 ChatGPT 生成 AI 绘画关键词的技巧，帮助读者更精准地得到满意的答案。

3.1 ChatGPT关键词的提问技巧

ChatGPT是一种强大的AI语言模型，为自媒体工作者提供了很多方便，同时也大大提高了工作效率。在使用ChatGPT进行对话前，需要掌握ChatGPT关键词的提问技巧，以帮助用户获取更加精准的回答，本节将向大家进行相关讲解。

3.1.1 如何运用关键词正确提问

使用ChatGPT进行提问前，要注意关键词的运用技巧，提问时要在问题中指定具体的数字，描述要精准，这样可以得到更满意的回答。

例如“请给我5篇，有关成都美食的文章”，“5篇”就是具体的数字，“成都美食”就是精准的地点描述，接下来看ChatGPT给出的回答，如图3-1所示。

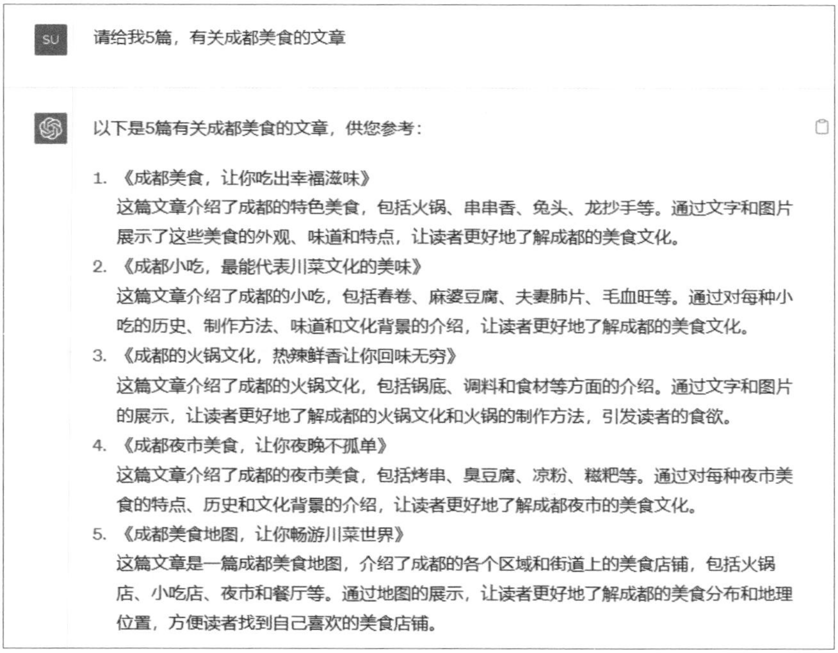
SU 请给我5篇，有关成都美食的文章

以下是5篇有关成都美食的文章，供您参考：

1. 《成都美食，让你吃出幸福滋味》
   这篇文章介绍了成都的特色美食，包括火锅、串串香、兔头、龙抄手等。通过文字和图片展示了这些美食的外观、味道和特点，让读者更好地了解成都的美食文化。
2. 《成都小吃，最能代表川菜文化的美味》
   这篇文章介绍了成都的小吃，包括春卷、麻婆豆腐、夫妻肺片、毛血旺等。通过对每种小吃的历史、制作方法、味道和文化背景的介绍，让读者更好地了解成都的美食文化。
3. 《成都的火锅文化，热辣鲜香让你回味无穷》
   这篇文章介绍了成都的火锅文化，包括锅底、调料和食材等方面的介绍。通过文字和图片的展示，让读者更好地了解成都的火锅文化和火锅的制作方法，引发读者的食欲。
4. 《成都夜市美食，让你夜晚不孤单》
   这篇文章介绍了成都的夜市美食，包括烤串、臭豆腐、凉粉、糍粑等。通过对每种夜市美食的特点、历史和文化背景的介绍，让读者更好地了解成都夜市的美食文化。
5. 《成都美食地图，让你畅游川菜世界》
   这篇文章是一篇成都美食地图，介绍了成都的各个区域和街道上的美食店铺，包括火锅店、小吃店、夜市和餐厅等。通过地图的展示，让读者更好地了解成都的美食分布和地理位置，方便读者找到自己喜欢的美食店铺。

图 3-1　ChatGPT 的回答结果

通过上述回答，可以看出ChatGPT的回复结果还是比较符合要求的，它提供了5篇文章，每篇文章都有简介说明，让提问者一目了然。这就是在提问中指定具体数字的好处，数据越具体，ChatGPT的回复越精准。

3.1.2　向 ChatGPT 提问的注意事项

在向ChatGPT提问时，正确的关键词提问技巧和注意事项也至关重要。下面向大家介绍如何更快、更准确地获取需要的信息，如图3-2所示。

图 3-2　向 ChatGPT 提问的注意事项

3.1.3　用关键词提升 ChatGPT 的逻辑

ChatGPT具有高度的语言理解能力和内容输出能力，如果希望输出的内容更具有逻辑性，可以在提问中加上这个关键词"Let's think step by step（让我们一步一步来思考）"，可以瞬间让ChatGPT的逻辑能力提升5倍，下面介绍具体操作方法。

首先，在ChatGPT中输入"帮我出一个关于车展的线下活动策划"，ChatGPT即可根据该背景生成一个关于车展的线下活动策划方案，如图3-3所示。

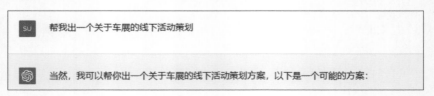

活动名称：车迷集结号

活动目的：通过有趣的互动和参与式活动，吸引更多的人参观车展，增加参展商和观众的互动交流。

活动时间：在车展期间进行，持续三天。

活动地点：车展展馆内或周边场地。

活动内容：

1.

随机抽奖：在展馆内设置抽奖站，参与者可以通过扫描展馆内的二维码参与抽奖，奖品可以是汽车配件或其他与汽车相关的礼品。

2.

模拟赛车：在场地内设置模拟赛车体验区，参与者可以亲身体验驾驶赛车的快感。

3.

汽车知识问答：在展馆内设置问答站，参与者可以回答关于汽车的问题，答对者可以获得汽车品牌礼品。

4.

车模拍照：在展馆内设置车模拍照区，参观者可以与车模合影留念，并且分享到社交媒体上，引导更多人参加车展。

5.

车展现场直播：通过网络直播平台直播车展现场的精彩瞬间，让无法到场的汽车爱好者也能够感受到车展的魅力。

6.

汽车主题餐厅：在展馆内或周边场地开设汽车主题餐厅，为参展商和参观者提供餐饮服务，并且利用餐厅空间展示汽车品牌和配件。

7.

赛车主题派对：在车展结束后的晚上，在周边场地举办赛车主题派对，邀请参展商、参观者和汽车爱好者参加，加强车展期间的社交交流。

以上是一个可能的方案，你可以根据实际情况和预算，适当调整活动内容和形式。

图 3-3　ChatGPT 给出的线下活动策划方案

接下来，再问一次，"帮我出一个关于车展的线下活动策划Let's think step by step"，这次给出的结果就很不同，如图3-4所示。很明显，加上了prompt（提示）的第二段方案更有逻辑性，除了具体的活动内容，还进一步给出了每一步的具体步骤，最后还有活动评估和总结，内容更加详细。

SU　帮我出一个关于车展的线下活动策划Let's think step by step

当然，让我们一步步地考虑一个关于车展的线下活动策划：

第一步：明确活动目标和受众

在策划车展活动之前，我们需要确定活动的目标和受众，以便制定相应的活动策略和方案。例如，我们的目标是吸引更多的人参观车展，增加参展商和观众的互动交流。我们的受众包括汽车爱好者、潜在购车者、汽车行业从业人员和普通大众等。

图 3-4

第二步：确定活动时间和地点

车展是一个大型的活动，我们需要确定活动的时间和地点。根据我们的目标和受众，我们可以选择在周末或节假日举办，这样更多人会有时间来参加。我们需要选择一个大型展馆或会议中心作为活动场地，以确保有足够的空间来展示车辆和其他展品。

第三步：制定活动内容和形式

活动内容和形式是吸引人们参加车展的重要因素。我们可以考虑以下一些活动：

1.
赛车模拟体验：在现场设置模拟赛车游戏区，让参观者亲身体验赛车的快感，增加互动和参与感。
2.
车辆试驾：在现场设置试驾区，让潜在购车者有机会试驾他们感兴趣的车型，促进销售和交流。
3.
车辆展示：展示各种不同类型的车辆，包括豪华车、越野车、电动车等，让参观者了解不同车型的特点和优势。
4.
专业讲座和论坛：邀请汽车行业的专业人士和专家在现场举办讲座和论坛，让参观者了解最新的汽车技术和市场动态。
5.
现场抽奖和游戏：在现场设置抽奖和游戏区，让参观者有机会赢取汽车配件和其他奖品。

第四步：营销和宣传

营销和宣传是吸引更多人参加车展的关键。我们可以利用各种社交媒体平台、汽车论坛和网站来宣传车展，并邀请汽车博客、记者和意见领袖来现场报道和宣传。我们还可以设计吸引人们注意的海报、广告和传单，通过各种渠道向潜在受众传递信息。

第五步：活动评估和

活动结束后，我们需要进行活动评估，了解参与者的反馈和意见，以及活动的效果和收益。我们可以收集参与者的问卷调查，分析参与者的满意度和活动体验。同时，我们还需要评估活动的经济效益，包括参展商的销售额和观众的参与度。

根据评估结果，我们可以进一步改进活动方案和策略，以提高活动的效果和收益。我们可以考虑增加更多的活动形式，提供更多的互动体验，扩大宣传覆盖范围，加强与参展商和观众的合作关系，进一步提升活动的品牌形象和影响力。

总之，策划车展活动需要综合考虑多个因素，包括活动目标和受众、活动时间和地点、活动内容和形式、营销和宣传等。通过有效的策划和执行，我们可以成功地吸引更多的人参加车展，促进汽车行业的发展和交流。

图 3-4　ChatGPT 给出的更有逻辑性的回答

3.1.4　用关键词拓宽 ChatGPT 的思维

如果经常需要用ChatGPT来做创意、项目及策划类的方案，可以在提问中加上这个关键词"What are some alternative perspectives？（有哪些可以考虑的角度）"，可以瞬间拓宽ChatGPT的思维广度，下面介绍具体操作方法。

首先，在ChatGPT中输入"如何向女朋友求婚？"ChatGPT即可根据该背景生成一个关于求婚的方案，如图3-5所示。

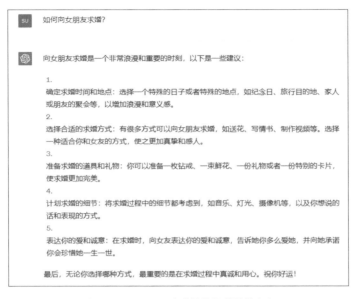

图 3-5　ChatGPT 生成的关于求婚的方案

如果还想要更多选择，此时可以再次提问"如何向女朋友求婚？What are some alternative perspectives？"ChatGPT会再次给出一些关于如何向女朋友求婚的其他观点，给提问者提供更多的思路和帮助，如图3-6所示。

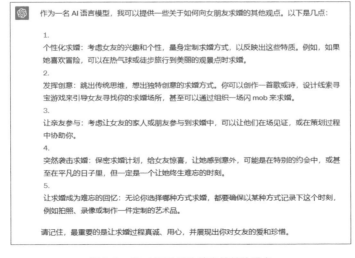

图 3-6　ChatGPT 再次给出的其他观点

3.1.5　用关键词提升项目的产出能力

有些用户使用 ChatGPT 时，其实并不清楚自己想要的是什么，ChatGPT 没有收到具体的需求，当然也就没有办法生成令人满意的作品。此时，可以在提问中加上这个关键词"What questions remain unanswered？（有哪些问题还没有得到解答）"

这个关键词的价值在于，当向ChatGPT提出一个项目，却没有给出具体的细节时，它会引导用户补充关键信息，而不是胡乱填充一些随机的内容，这样的回答会更加精准，效率更高，下面介绍具体操作方法。

首先，在ChatGPT中输入"帮我出一个关于摄影比赛的线上活动策划的标题"，ChatGPT即可根据该背景生成一个关于摄影比赛的标题，如图3-7所示。

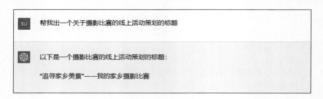

图 3-7　ChatGPT 生成的关于摄影比赛的标题

ChatGPT生成的这个标题可能不太符合摄影的主题，此时可以再次提问"帮我出一个关于摄影比赛的线上活动策划的标题What questions remain unanswered？"这次ChatGPT没有直接给出答案，而是提出6个问题，如图3-8所示。

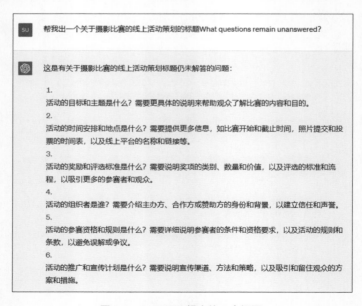

图 3-8　ChatGPT 提出的 6 个问题

接下来，针对ChatGPT提出的问题，用户回复了其中4个问题，如图3-9所示。

图 3-9　回复其中的 4 个问题

最后，ChatGPT给出了10个符合主题和地点的摄影活动标题，可供用户选择的空间大了很多，ChatGPT的回复也更加符合要求，如图3-10所示，大大提升了ChatGPT的产出能力。

基于提供的信息，我给出以下可能的关于荷花摄影比赛的线上活动策划标题：

1. 花开荷塘——湖南荷花摄影比赛
2. 香雪海棠——长沙周末荷花摄影比赛
3. 水墨荷韵——湖南荷花摄影大赛
4. 荷花盛宴——长沙周末摄影比赛
5. 青春之光——湖南青年荷花摄影比赛
6. 湖南水乡之美——荷花摄影大赛
7. 梦幻花海——长沙荷花摄影比赛
8. 湖南摄影新声——荷花类摄影大赛
9. 绽放湖南美——长沙周末摄影比赛
10. 热情荷花季——湖南荷花摄影比赛

图 3-10　ChatGPT 给出的 10 个符合主题的标题

3.2　生成AI绘画关键词的技巧

人们在进行AI绘画时，关键词撰写是比较重要的一步，如果关键词描述得不太准确，此时得到的AI绘画结果就不会太精准。有些用户常常不知道如何描述对象，撰写绘画关键词时会浪费很多时间，此时就可以把"画面描述"这个任务交给ChatGPT来完成，灵活使用ChatGPT生成AI绘画关键词，就可以完美解决"词穷"的问题。本节主要介绍使用ChatGPT生成AI绘画关键词的技巧。

3.2.1　直接提问获取 AI 绘画关键词

当用户进行AI绘画时，如果不知道如何撰写关键词，可以直接向ChatGPT提问，让它帮助自己描绘出需要的画面和场景关键词，下面

扫码看教学视频

介绍具体操作方法。

步骤01 在ChatGPT中输入"帮我形容一下一个漂亮女孩的颜值"，ChatGPT给出的回答已经比较详细了，其中有许多关键词可以使用，比如"皮肤光滑细腻，五官匀称，眉清目秀，轮廓鲜明，双眼晶莹明亮，眼神柔和而有神，眼角微微上扬，嘴唇红润饱满，头发柔顺光泽"，如图3-11所示。

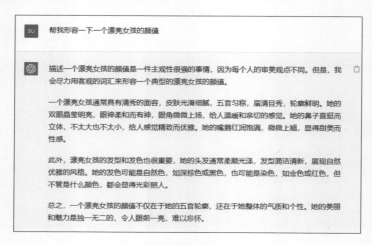

图 3-11　ChatGPT 第一次给出的回答

步骤02 如果需要更细致地描述一下女孩的面部特点，此时可以再次输入"形容得再细致点，主要是面部特点"，此时ChatGPT将对女孩的面部特点再次进行细致描述，又可以得到许多的关键词，如图3-12所示，这就是直接提问获取关键词。

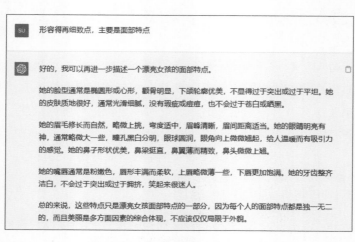

图 3-12　ChatGPT 第二次给出的回答

步骤03 接下来，将ChatGPT中获取的关键词在文心一格中应用一下，在页面左上方输入关键词后，单击下方的"立即生成"按钮，如图3-13所示。本书第6章中对文心一格平台进行了详细介绍，大家可以参考第6章的相关知识进行操作。

图 3-13　单击"立即生成"按钮

步骤04 执行操作后，即可生成4幅照片，4个不同的女孩的面部特点都非常细致，效果如图3-14所示。

图 3-14　在文心一格中生成的照片效果

★ 专家提醒 ★

本实例中用到的关键词为"一个漂亮女孩，皮肤光滑细腻，五官匀称，眉清目秀，眉毛修长，轮廓鲜明，双眼晶莹明亮，眼球圆润，眼角向上微微翘起，唇形丰满而柔软，牙齿洁白"。

3.2.2　通过对话不断获取绘画关键词

扫码看教学视频

可以将ChatGPT看作一个功能强大的"智能聊天机器人"，通过与它不断地对话，能够得到我们想要的AI绘画关键词。下面以"海边风光"为例，向大家讲解如何通过对话获取AI绘画关键词，具体操作步骤如下。

步骤01 在ChatGPT中输入"请根据我给你的idea，详细描述一个富有创意的画面，然后使用逗号分隔描述里的修饰词，并把描述翻译成英文。idea：海边风光"，ChatGPT给出了许多文案信息，并翻译成了英文，如图3-15所示。

SU　请根据我给你的idea，详细描述一个富有创意的画面，然后使用逗号分隔描述里的修饰词，并把描述翻译成英文。idea：海边风光

沙滩上，椰树下，有一张蓝色的摇椅。细沙上泼洒着微光，远处的海浪在阳光下泛起白色的浪花。碧绿的海水和蓝天在天边交汇，仿佛一个无边无际的画面。沙滩上散落着各种贝壳和海螺，闪烁着五彩斑斓的光芒，让人不禁驻足欣赏。

Translation:

On the beach, under the coconut trees, there is a blue rocking chair. The fine sand reflects a soft light, and in the distance, the waves create white foam under the sun. The emerald sea and blue sky meet on the horizon, creating an endless scene. Various shells and conches are scattered on the beach, shimmering with colorful light, inviting people to stop and appreciate.

图 3-15　ChatGPT 给出了许多文案信息

步骤02 ChatGPT给出的文案信息过多，内容太长，下一步希望它能将语言精简一点，此时可以再次输入"简短一些，仅保留关键词，并使用逗号将关键词隔开，翻译成英语"，这次ChatGPT给出的回答结果精简了很多，并翻译成了英文，如图3-16所示。

步骤03 复制这段英文，打开Midjourney页面，将复制的内容粘贴到Midjourney页面的输入框中，如图3-17所示。

步骤04 按【Enter】键确认，即可看到Midjourney Bot已经开始工作了，稍等片刻，Midjourney将生成4张对应的图片，如图3-18所示。需要注意的是，即使

是相同的关键词，Midjourney每次生成的图片效果也不一样。

图 3-16　ChatGPT 给出的更加精简的回答

图 3-17　打开 Midjourney 页面并粘贴内容

图 3-18　Midjourney 生成的 4 张对应的图片

步骤05 可以看到，Midjourney生成的图片属于插画风格，如果需要现代真实风格，此时可以在ChatGPT的关键词中对照片的风格进行定义。在ChatGPT中继续输入"我需要现代真实风格的照片，4K，请加入到关键词中"，这次ChatGPT给出的回答如图3-19所示。

图 3-19　对照片的风格进行定义

步骤06 复制ChatGPT给出的英文回答，再次打开Midjourney页面，将复制的内容粘贴到Midjourney页面的输入框中，按【Enter】键确认，稍等片刻，即可看到Midjourney生成了多张现代真实风格的海边风光照片，如图3-20所示。

图 3-20　Midjourney 生成了多张现代真实风格的海边风光照片

步骤07 如果觉得照片有些单调，需要在照片中加入一个女孩的背影，此时可以在ChatGPT中继续输入"在关键词中，加入一个长发飘飘的女孩背影"，这次ChatGPT给出的回答如图3-21所示。

图 3-21 在 ChatGPT 中继续输入内容

步骤 08 再次复制ChatGPT给出的英文回答，打开Midjourney页面，将复制的内容粘贴到Midjourney页面的输入框中，按【Enter】键确认，稍等片刻，即可看到Midjourney生成的海边风光照片中加入了一个女孩的背影，如图3-22所示。

图 3-22 Midjourney 根据要求再次生成照片

3.2.3 通过表格区分中、英文关键词

用户在与ChatGPT进行对话时，还可以以表格形式生成需要的关键词内容。下面介绍通过表格区分中、英文关键词的具体操作方法。

扫码看教学视频

步骤01 在ChatGPT中输入“一幅画的构思分几个部分，尽量全面且详细，用表格回答”，ChatGPT将以表格的形式给出回答，如图3-23所示。

SU 一幅画的构思分几个部分，尽量全面且详细，用表格回答

部分	描述
主题	确定画作的主题或主题
意图	确定画作的意图或目的
布局	确定画面的布局和组成元素的位置
色彩	选择和确定使用的颜色方案
光影	确定光线的来源和如何营造阴影和高光
笔触和材质	选择和确定使用的画笔类型和材质
风格	确定画作的艺术风格或表现形式
时间和空间	决定画作所描绘的时间和空间背景
重点和焦点	决定画作的重点和焦点以及如何引导观众的视线
情感和情绪	确定画作所要传达的情感和情绪

以上是一幅画的构思可能包括的部分，每个部分的重要性和涵盖的内容会根据画作的主题、类型和艺术家的风格而有所不同。在进行构思时，艺术家需要综合考虑这些方面，以达到他们所追求的艺术效果。

图 3-23　ChatGPT 以表格的形式给出的回答

步骤02 继续向ChatGPT提问，让它给出具体的提示词，在ChatGPT中输入“有哪些主题类别，请用表格回答，中英文对照”，ChatGPT给出了许多主题类别，并有英文和中文对照，如图3-24所示，从这些回答中可以提取关键词信息。

SU 有哪些主题类别，请用表格回答，中英文对照

主题类别	英文	中文
风景画	Landscape	描绘大自然的美丽和壮观
肖像画	Portrait	描绘人物的面部特征和个性
静物画	Still life	描绘静止的物体，如花、水果、器皿等
抽象画	Abstract	以形式和颜色为主要表现手段，不以客观的形象为目标
水墨画	Ink wash painting	使用水墨画技法表现的画作
人物画	Figure	描绘人物的形象和身体动作
动物画	Animal	描绘动物的形象和动态
历史画	Historical painting	描绘历史事件、人物和场景
宗教画	Religious painting	描绘宗教主题和场景
幽默画	Humorous painting	以幽默或滑稽的方式表现的画作
社会批判画	Social criticism painting	以对社会问题的批判和反映为目的
科幻画	Science fiction painting	描绘科幻题材的画作
摄影艺术	Photography art	用摄影技术创作的艺术作品
数字艺术	Digital art	使用计算机软件或硬件创作的艺术作品
街头艺术	Street art	在公共场所创作的艺术作品

以上是常见的一些主题类别，不同的主题类别有不同的特点和表现方式。当然，也有一些作品跨越多个主题类别，以多种方式表达艺术家的创作理念。

图 3-24　ChatGPT 给出了许多主题类别

步骤03 在ChatGPT中继续输入"光影有哪些来源，请用表格回答，中英文对照"，ChatGPT将会给出光影来源的相关回答，如图3-25所示。

图 3-25　ChatGPT 给出光影来源的相关回答

步骤04 继续向ChatGPT提问，可以针对意图、布局、色彩、材质及风格等提出具体的细节，提问越具体，ChatGPT给出的回答越精准，可以从这些表格中复制需要的关键词信息，粘贴到AI绘图工具中，生成需要的照片画面。

本章小结

本章主要介绍了关键词的提问技巧与生成AI绘画关键词的技巧，包括如何运用关键词正确提问、用关键词提升ChatGPT的逻辑、用关键词拓宽ChatGPT的思维、直接提问获取AI绘画关键词，以及通过对话不断获取绘画关键词等内容。通过对本章的学习，读者能够更好地使用关键词进行提问与绘画。

课后习题

鉴于本章知识的重要性，为了帮助读者更好地掌握所学知识，本节将通过课后习题，帮助读者进行简单的知识回顾和补充。

1. 以无人机摄影为主题，用ChatGPT生成一篇具有逻辑性的活动方案。
2. 以动漫二次元为主题，用ChatGPT生成相应的关键词，并翻译成英文。

第 4 章
案例：广告、短视频与直播文案创作

　　文案是为了吸引目标受众、传达产品或服务的优势，并促使他们采取行动而设计的文本内容。本章将通过 3 个案例，详细讲解通过 ChatGPT 快速生成广告文案、短视频文案和直播文案的技巧，希望读者熟练掌握本章内容。

4.1 广告文案创作：《汽车广告》

　　汽车广告文案主要用来宣传汽车产品，吸引观众的眼球，提升汽车的销量。一篇完整的汽车广告文案一般由标题、广告语、正文和附文4个基本要素组成。本节主要向读者介绍通过ChatGPT快速生成一篇汽车广告的操作方法。

4.1.1　广告标题

　　标题用于表现广告的主题，在广告文案中占据着主导地位，一般放在广告作品最显眼的位置，诱导观众阅读正文。广告标题要新颖、独创、简洁明了，这样能够起到更好的传播效果。例如，想要写一篇汽车广告文案，可以先让ChatGPT帮助自己拟出6个广告标题，具体操作步骤如下。

扫码看教学视频

　　步骤01 首先，在ChatGPT中输入关键词"从现在开始，你是一个文案高手，你需要写一篇极具创意的汽车广告文案，首先请拟6个汽车广告文案的标题，要求新颖、有创意、简单明了"，如图4-1所示。

> 从现在开始，你是一个文案高手，你需要写一篇极具创意的汽车广告文案，首先请拟6个　　　←输入
> 汽车广告文案的标题，要求新颖、有创意、简单明了｜
>
> Free Research Preview. ChatGPT may produce inaccurate information about people, places, or facts. ChatGPT May 12 Version

图 4-1　在 ChatGPT 中输入关键词提问

　　步骤02 单击输入框右侧的发送按钮 ◁ 或按【Enter】键，ChatGPT即可根据要求生成相应的文案标题内容，如图4-2所示。

 当然，我很乐意为您设计一些创意十足的汽车广告文案标题。以下是六个我为您准备的标题：

1. "梦幻翼展，穿越未来"：引领梦想，驾驶我们的创新翼展汽车，让您体验一场穿越未来的无与伦比之旅。

2. "自由之旅，途中无限可能"：扬帆启程，追求自由的呼唤，驾驶我们的汽车，开启一段无限可能的旅程。

3. "速度之王，无法被超越"：在速度与激情的世界里，选择我们的汽车，成为那位无法被超越的真正速度之王。

4. "智慧之选，与未来同行"：我们的汽车拥有无尽的智慧，与未来同行，为您带来更安全、更智能的驾驶体验。

5. "奢华之极，感受尊贵"：纵情奢华，感受无与伦比的尊贵体验，选择我们的汽车，成为品味与豪华的完美结合。

6. "绿色驰骋，保护地球"：驾驶我们的绿色汽车，共同保护地球家园，为未来世代创造一个更美好的环境。

希望以上标题能激发您的灵感，接下来我可以为您编写相应的广告文案。

图 4-2　ChatGPT 根据要求生成相应的文案标题内容

步骤 03 如果觉得标题太长了，可以在ChatGPT中继续输入"标题后面的解说语请简短一点"，ChatGPT给出的回答如图4-3所示，可以发现精简了许多，也更加符合要求，这些标题都比较有创意。

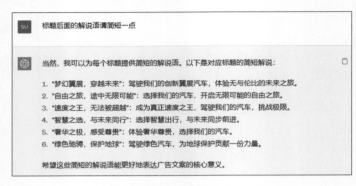

图 4-3　ChatGPT 的回答精简了许多

★ 专家提醒 ★

广告的标题是引起读者注意和兴趣的关键，是广告的导入部分。广告标题的类型有很多种，下面是一些常见的广告标题类型。

（1）描述性标题：这种标题直接描述产品或服务的特点和优势，如"高清晰度电视，栩栩如生的视觉享受"。

（2）问题式标题：这种标题通过提出问题来引起读者的兴趣和好奇心，如"想拥有一辆高效节能的城市代步工具吗？"。

（3）命令式标题：这种标题以命令的形式向读者传达信息，强调行动和效果，如"尝试全新口味，即刻感受味蕾的喜悦！"。

（4）比较式标题：这种标题通过将产品与竞争对手进行比较，突出产品的优势和差异，如"比其他品牌更耐用，更可靠的手机"。

（5）情感式标题：这种标题通过触发情感反应来吸引读者的注意力，如"爱的礼物，让你的心动成为永恒的回忆"。

（6）趣味式标题：这种标题利用幽默、创意或奇特的方式来吸引读者的注意力，如"这款椅子会跳舞！快来体验惊喜"。

4.1.2　广告语

通过上一节内容的讲解，ChatGPT给出了6个符合要求的汽车广告标题后，接下来根据相应的标题让ChatGPT生成多条广告语，供用户选择，具体操作步骤如下。

扫码看教学视频

步骤01 在ChatGPT中输入"请根据第2个标题，再写6句汽车广告语出来，要求简单明了、有创意"，如图4-4所示。

> 请根据第2个标题，再写6句汽车广告语出来，要求简单明了、有创意 ✈
>
> Free Research Preview. ChatGPT may produce inaccurate information about people, places, or facts. ChatGPT May 12 Version

图 4-4 继续在 ChatGPT 中输入关键词

步骤02 单击输入框右侧的发送按钮 ✈ 或按【Enter】键，ChatGPT即可根据要求生成相应的汽车广告语，如图4-5所示。通过ChatGPT回复的结果可以看出，ChatGPT的创意还是很好的。

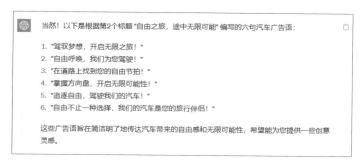

当然！以下是根据第2个标题"自由之旅，途中无限可能"编写的六句汽车广告语：

1. "驾驭梦想，开启无限之旅！"
2. "自由呼唤，我们为您驾驶！"
3. "在道路上找到您的自由节拍！"
4. "掌握方向盘，开启无限可能性！"
5. "追逐自由，驾驶我们的汽车！"
6. "自由不止一种选择，我们的汽车是您的旅行伴侣！"

这些广告语旨在简洁明了地传达汽车带来的自由感和无限可能性，希望能为您提供一些创意灵感。

图 4-5 ChatGPT 根据要求生成相应的汽车广告语

4.1.3 正文主体

汽车广告文案的标题和广告语生成以后，接下来可以使用ChatGPT生成汽车广告文案的正文内容，具体操作步骤如下。

扫码看教学视频

步骤01 在ChatGPT中输入"请根据第2个标题，继续写一篇有关旅行类的汽车广告正文，这是一款新品汽车，银白色外观，有质感，内饰有特色，宽敞大气"。

★ 专 家 提 醒 ★

在 ChatGPT 中输入的这些关键词"银白色外观，有质感，内饰有特色，宽敞大气"，表达了对这篇汽车广告正文的细节要求，提问越细致，ChatGPT 的回答越精准。

步骤02 按【Enter】键发送，ChatGPT即可根据要求生成相应的汽车广告正文内容，如图4-6所示。

请根据第2个标题，继续写一篇有关旅行类的汽车广告正文，这是一款新品汽车，银白色外观，有质感，内饰有特色，宽敞大气

在广袤的道路上，自由之旅正等待着您。我们自豪地推出全新款汽车，以银白色的外观展现出高质感与纯粹美感。它不仅仅是一辆汽车，更是您探索世界的伙伴。

一抵近，您会被它独特的内饰所吸引。宽敞大气的设计营造出舒适的驾乘空间，让您尽情享受每一次旅行的愉悦。内饰注重细节，特色的元素和精致的工艺让您感受到无可比拟的品质与舒适。

这款汽车不仅具备卓越的外观和内饰，更是为您带来无限可能的驾驶体验。强大的引擎和精准的悬架系统，让每一次加速都充满激情，每一次转弯都带来极致的稳定感。无论是狂热的公路驾驶还是放松的郊外旅行，它都能成为您的最佳伴侣。

我们的汽车注重安全，配备了先进的驾驶辅助系统和智能安全功能，为您提供全方位的保护。在自由之旅中，您可以放下繁忙的城市生活，尽情畅享旅途的美好，而我们的汽车将始终守护您的安全。

从现在开始，让这辆银白色的梦想之车带您驶向未知的地方，体验旅行的无限可能。因为在每一次旅行中，它将成为您的自由之翼，带您开启精彩纷呈的旅程。

选择自由，选择无限可能。立即亲临我们的展厅，体验这款令人心动的新品汽车。让自由之旅在您的脚下展开！

图 4-6　ChatGPT 生成相应的汽车广告正文内容

4.1.4　附文补充

　　附文又称为随文，是对广告正文的补充，通常位于广告文案的末尾，用来说明广告的附加信息，如广告主名称、地址、电话、电传及二维码等内容，还可以通过附文内容来激励受众积极参与活动。下面介绍在ChatGPT中生成附文补充内容的具体操作步骤。

　　步骤01 在ChatGPT中输入"请补充随文内容，最好能激励受众积极参与活动，附上地址、电话等联系方式"，如图4-7所示。

请补充随文内容，最好能激励受众积极参与活动，附上地址、电话等联系方式 ◄— 输入

Free Research Preview. ChatGPT may produce inaccurate information about people, places, or facts. ChatGPT May 12 Version

图 4-7　要求 ChatGPT 生成附文内容

　　步骤02 按【Enter】键发送，ChatGPT即可根据要求生成相应的附文补充内容，如图4-8所示，可以发现生成的内容很符合要求。

　　这本书的主题，文案是为绘画而服务的，接下来以本节制作的汽车广告文案为例，在文案中提取需要的关键词，如"自由之旅，途中无限可能，汽车广告，银白色外观"等，在Midjourney中生成相应的汽车广告图片，效果如图4-9所示，具体生成图片的方法可以参考第7章中的内容进行操作。

驾驶我们的全新款汽车，您将开启一段精彩绝伦的自由之旅。为了庆祝新品上市，我们特别准备了一系列活动，让您积极参与并获得更多惊喜！

首先，我们为您提供免费试驾体验，让您亲身感受这款汽车的卓越性能和舒适驾乘。只需前往我们的展厅，预约试驾，即可畅享驾驶的乐趣。不仅如此，完成试驾还有机会获得精美礼品和特别优惠！

除了试驾活动，我们还推出了限时优惠方案，为您提供独一无二的购车机会。只需在指定时间内选购我们的汽车，您将享受到超值优惠和专属礼包。这是您路上自由之旅的最佳时刻！

我们的展厅位于以下地址：
[您的展厅地址]

想要了解更多详情或预约试驾，请拨打我们的专属热线：
电话：[您的联系电话]

无论您是追求速度与激情，还是享受自然风光的旅行者，我们的汽车都能满足您的期待。让自由之旅成为您生活中的一部分，勇敢路上探索未知的征程！

请记住，这个世界上没有比自由更珍贵的财富。现在就加入我们，驾驶全新款汽车，开启属于您自己的无限可能！

注意：本活动仅限指定时间和地点，具体详情请咨询我们的销售顾问。活动细则以及更多信息，请访问我们的官方网站：[您的官方网站]。

图 4-8　ChatGPT 生成相应的附文补充内容

图 4-9　通过汽车广告文案生成的汽车广告图片效果

4.2 短视频文案创作：《美食探店》

短视频文案是指在短视频平台上，为了吸引观众注意和产生共鸣而编写的文字描述或标题。短视频文案的篇幅通常很短，需要表达清晰、生动，并能吸引目标受众的兴趣。本节以制作一个夜宵店美食探店的短视频文案为例，讲解通过ChatGPT快速生成一篇短视频文案的操作方法，希望读者熟练掌握本节内容。

4.2.1 创意开场

如果想制作一个爆款短视频，需要有一个创意的开场，一开场就吸引观众的注意力，这样观众才有兴趣接着看完整个短视频的内容。首先，需要通过ChatGPT生成一个创意的开场，具体操作步骤如下。

扫码看教学视频

步骤 01 在ChatGPT中输入"你现在是一个探店博主，需要给一家夜宵店做探店短视频，要求写一个300字的探店文案。首先需要一段非常有吸引力的开场语，吸引用户，请生成3段不同的夜宵店探店开场语"，如图4-10所示。

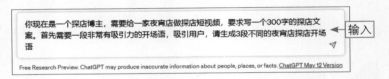

输入

图 4-10 请 ChatGPT 生成 3 段不同的夜宵店探店开场语

步骤 02 按【Enter】键发送，ChatGPT即可根据要求生成3段不同的开场语，大家可以根据自己的喜好进行选择，如图4-11所示。

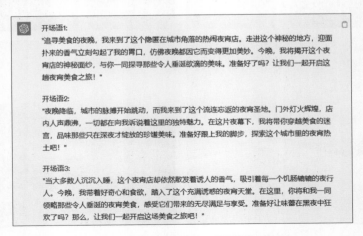

图 4-11 ChatGPT 生成的 3 段不同的开场语

4.2.2　刺激消费

扫码看教学视频

开场结束后，接下来需要生成短视频的正文内容，介绍夜宵店的菜品、口味、特色、团购价、会员价及充值优惠活动等。下面继续在ChatGPT中生成所需的内容，具体操作步骤如下。

步骤01 在ChatGPT中输入"根据开场的内容，请继续写接下来的探店文案，需要介绍菜品、口味、特色、团购价以及充值优惠活动等，要刺激消费者下单，引起消费欲望"，如图4-12所示。

图 4-12　请 ChatGPT 生成夜宵店探店的短视频文案

步骤02 按【Enter】键发送，ChatGPT即可根据要求生成3段不同的探店文案，大家可以根据自己的喜好进行选择，如图4-13所示。

探店文案：

探店文案1：
踏入这家夜宵店，我被迎面而来的热闹氛围所吸引，仿佛置身于一个美食的仙境。菜单上琳琅满目的美食选择令人眼花缭乱。首推他们家招牌的炭火烤串，肉质鲜嫩多汁，每一口都是满满的幸福感。若你喜欢口味独特的小吃，一定不能错过他们的招牌辣子鸡爪和麻辣烫，辣中带麻，让你欲罢不能。最重要的是，这里的团购价超级实惠，让你品尝到正宗美味的同时也省下一笔。还有好消息，只要充值会员，你将享受到额外的惊喜优惠！快来这里，让味蕾尽情狂欢吧！

探店文案2：
一进店，迷人的香气扑鼻而来，仿佛勾起了我的味蕾的欲望。这里的招牌炸鸡简直是一绝，外酥里嫩，入口即化，绝对是零食控们的最爱。还有他们家特色的芝士薯条，金黄酥脆的薯条上覆盖着丝丝细腻的芝士，每一口都是满满的口感享受。更让人心动的是，现在团购价优惠进行中，只需点击一下，美味佳肴就能到手。不仅如此，充值还能享受超值的返利和积分福利！别等了，赶紧行动起来，让这些诱人美食成为你的味蕾盛宴！

探店文案3：
这家夜宵店绝对是食欲的终极满足之地！尝过他们家的酸辣粉后，我被那浓郁的酸辣味道征服，让人回味无穷。除此之外，他们的香煎包也是一绝，外皮金黄酥脆，内馅鲜美多汁，每一口都让人陶醉其中。现在团购价优惠进行中，轻轻一点，就能享受到物超所值的美食盛宴。充值会员更有额外优惠，

图 4-13　ChatGPT 生成的 3 段不同的探店文案

步骤03 如果觉得ChatGPT给出的回复中没有对团购价进行详细解说，此时可以继续输入"请针对夜宵菜品的团购价进行一段解说，要重点推出，有诱惑

力"，ChatGPT的回答如图4-14所示。可以看到，这次ChatGPT给出的回答针对团购价进行了重点介绍，内容极具诱惑力。

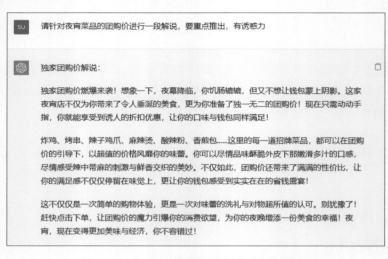

图 4-14　ChatGPT 继续针对团购价进行详细解说

★ 专家提醒 ★

关于短视频文案主要有以下 5 个要点。

（1）简洁明了：短视频文案通常需要在有限的字数内传递信息，因此要求语言简洁明了，能够迅速吸引观众的注意。

（2）引起兴趣：好的短视频文案能够引起观众的好奇心或兴趣，让他们主动点击观看。可以使用一些悬念、问题或引人入胜的描述来吸引观众。

（3）突出亮点：短视频文案应该突出视频的亮点或特色，让观众对视频内容产生兴趣，并且愿意继续观看下去。

（4）触发情感：短视频文案可以通过运用情感元素，如幽默、温情、悬疑等，来引发观众的情感共鸣，增加短视频的吸引力。

（5）与视频内容一致：短视频文案应该与视频内容相呼应，准确传递视频的主题或核心信息，避免过度夸张或误导观众。

步骤 04 如果觉得ChatGPT给出的回复中没有对团购的具体价格进行介绍，此时可以继续输入"请给出具体团购价，满多少送多少"，ChatGPT的回答如图4-15所示。这次ChatGPT给出的回答越来越具体。

> SU 请给出具体团购价，满多少送多少

> 这家夜宵店为了回馈顾客的支持，特别推出了超值团购优惠！现在只需满100元，即可享受额外赠送价值30元的美食。简单来说，你只需消费100元，实际上可以品尝到价值130元的美味佳肴！这是一个极具诱惑力的团购优惠，让你的口味与满足感同步达到新高度。
>
> 无论是炸鸡、烤串、辣子鸡爪、麻辣烫还是其他任何你心仪的夜宵美食，只要达到满100元，店家将慷慨地赠送你价值30元的美味，让你的味蕾得到双重满足。这不仅意味着更多的品尝机会，也让你的购物更具性价比。
>
> 快来品尝这些令人垂涎的美食，享受这个超值团购优惠吧！无论是独自品味还是与好友分享，这个团购优惠都能为你的夜宵之旅增添一份愉悦和满足。记得抓住这个机会，在享受美食的同时，让钱包也感受到实实在在的节省。

图 4-15　ChatGPT 继续针对团购的具体价格进行解说

4.2.3　引导下单

最后，希望ChatGPT能补充说明，激励消费者积极参与活动，附上夜宵店的地址、电话及团购链接等方式，引导消费者下单，具体操作步骤如下。

扫码看教学视频

步骤**01** 在ChatGPT中输入"最后，补充说明，激励消费者积极参与活动，附上地址、电话、团购链接等方式"。

步骤**02** 按【Enter】键发送，ChatGPT即可根据要求生成相应的补充说明内容，如图4-16所示。至此，短视频文案创作完成。

> SU 最后，补充说明，激励消费者积极参与活动，附上地址、电话、团购链接等方式

> 最后，为了激励消费者积极参与这个诱人的团购活动，这家夜宵店还准备了一项特别的活动！只要你在团购时附上你的手机号码，即可参与抽奖活动，有机会赢取精美礼品或额外优惠券。这是一个让你购物更有乐趣、更有惊喜的机会，为你的夜宵体验增添一份惊喜与乐趣！
>
> 地址：[夜宵店地址]
> 电话：[夜宵店联系电话]
>
> 为了方便你的参与，你可以直接点击以下链接进入团购页面：[团购链接]
>
> 别等了！快来一起享受这个超值团购优惠，品尝那些令人垂涎欲滴的夜宵美食吧！记得留下你的手机号码参与抽奖活动，或直接联系夜宵店，让他们为你提供更详细信息。让这个夜宵店成为你品味美食的首选，为你的夜晚增添一份满足与享受！

图 4-16　ChatGPT 生成相应的补充说明内容

前面介绍了文案是为绘画服务的，接下来以本节制作的短视频文案为例，在文案中提取需要的内容，在剪映中通过"图文成片"功能快速生成短视频画面效果，如图4-17所示，具体生成短视频的方法可以参考第10章中的内容进行操作。

图 4-17　通过短视频文案生成的短视频画面效果

4.3　直播文案创作：《母婴用品》

直播文案是指在进行直播活动时所使用的文字内容，旨在吸引观众、促进互动和增加转化率。本节以制作一个母婴用品的直播带货文案为例，讲解通过ChatGPT快速生成一篇直播文案的操作方法，希望读者熟练掌握本节内容。

4.3.1　直播标题

直播标题要蹭热点，还要解决用户的痛点，只有这样做才会更吸引人，直播间的人气才会更高，好的标题等于成功了一半。首先，可以让ChatGPT拟出6个有关母婴用品的直播间标题，具体操作步骤如下。

扫码看教学视频

步骤01 首先，在ChatGPT中输入"你现在是一位直播带货的主播，你需要写一篇直播文案，首先请拟6个有关母婴用品直播间的标题，要蹭热点，还要解决用户痛点"，如图4-18所示。

你现在是一位直播带货的主播，你需要写一篇直播文案，首先请拟6个有关母婴用品直播　◄──输入
间的标题，要蹭热点，还要解决用户痛点｜

Free Research Preview. ChatGPT may produce inaccurate information about people, places, or facts. ChatGPT May 12 Version

图 4-18　在 ChatGPT 中提出需求

步骤02 按【Enter】键发送，ChatGPT即可根据要求生成6个有关母婴用品直播间的标题，大家可以根据自己的喜好进行选择，如图4-19所示。

当然，我可以帮你拟写一些有关母婴用品直播间的标题，结合热点话题和用户痛点。以下是六个示例：

1. "宝宝成长必备！爆款母婴用品直播，解决你的育儿痛点！"
2. "超火爆！最新科技母婴用品直播，给宝宝带来全新体验！"
3. "妈妈们最关心的问题都在这里！直播解答育儿难题，教你科学育儿！"
4. "新手妈妈必看！直播推荐实用婴儿用品，助你成为放心妈妈！"
5. "宝宝的健康必备！直播揭秘优质母婴产品，保护宝宝成长！"
6. "热门爆品来袭！直播带你发现宝宝的福利，解锁省钱购物技巧！"

这些标题融合了热点话题，如科技、实用性、健康等，同时解决了用户在育儿过程中的痛点，如育儿难题、新手妈妈困惑、寻找优质产品等。希望这些标题能为你的母婴用品直播间吸引更多观众并解决他们的问题。

图 4-19　生成 6 个有关母婴用品直播间的标题

步骤03 如果觉得这些标题还不够吸引人，可以在ChatGPT中继续输入"请将直播间的标题与折扣联系起来"，ChatGPT的回答如图4-20所示。这次，在直播间的标题上带入了折扣关键词，用来吸引宝妈们的注意力，让她们产生买到就是赚到的心理感受，可以提高直播间的热度。

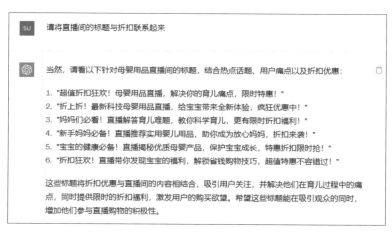

SU　请将直播间的标题与折扣联系起来

当然，请看以下针对母婴用品直播间的标题，结合热点话题、用户痛点以及折扣优惠：

1. "超值折扣狂欢！母婴用品直播，解决你的育儿痛点，限时特惠！"
2. "折上折！最新科技母婴用品直播，给宝宝带来全新体验，疯狂优惠中！"
3. "妈妈们必看！直播解答育儿难题，教你科学育儿，更有限时折扣福利！"
4. "新手妈妈必备！直播推荐实用婴儿用品，助你成为放心妈妈，折扣来袭！"
5. "宝宝的健康必备！直播揭秘优质母婴产品，保护宝宝成长，特惠折扣限时抢！"
6. "折扣狂欢！直播带你发现宝宝的福利，解锁省钱购物技巧，超值特惠不容错过！"

这些标题将折扣优惠与直播间的内容相结合，吸引用户关注，并解决他们在育儿过程中的痛点，同时提供限时的折扣福利，激发用户的购买欲望。希望这些标题能在吸引观众的同时，增加他们参与直播购物的积极性。

图 4-20　在直播间的标题上带入了折扣关键词

4.3.2 开播语言

直播间的标题拟好以后，接下来需要ChatGPT生成一段比较有吸引力的开播话术，用来提高直播间的人气，让直播间热闹起来，吸引更多的粉丝关注。下面介绍使用ChatGPT生成一段开播语言的具体操作步骤。

扫码看教学视频

步骤01 在ChatGPT中输入"接下来需要你写一段开场白来吸引观众的注意力，请提供3段不同的开场白"，如图4-21所示。

接下来需要你写一段开场白来吸引观众的注意力，请提供3段不同的开场白 ◄─输入

Free Research Preview. ChatGPT may produce inaccurate information about people, places, or facts. ChatGPT May 12 Version

图 4-21　在 ChatGPT 中提出需求

步骤02 按【Enter】键发送，ChatGPT即可根据要求生成3段不同的开场白，如图4-22所示。

当然，下面是三个不同的开场白，用于吸引观众的注意力：

1. "亲爱的妈妈们，大家好！欢迎来到本场母婴用品直播！今天我给大家带来了一系列超值的宝宝必备好物，不仅解决了你们在育儿过程中的痛点，更有限时折扣优惠！无论是新手妈妈还是有经验的宝妈，相信你们都能在这里找到心仪的产品。快来加入我们的直播间，一起为宝宝打造一个健康、舒适的成长环境吧！"

2. "大家好！欢迎来到今天的母婴用品直播！在这里，我将带领大家探索最新的科技母婴产品，为宝宝带来全新的体验！无论是智能监测器、创新喂养器具还是便捷婴儿护理产品，我们都将一一为您揭秘。而且，只要在本直播购买，您将享受到超值的折扣优惠！赶快加入我们，探索科技与爱的完美结合吧！"

3. "妈妈们，大家好！欢迎来到本场母婴用品直播！我们深知育儿不易，但请相信，您不是一个人在战斗！在这里，我将为您解答育儿过程中的各种难题，并推荐经过精心筛选的实用婴儿用品。不论是宝宝的安全、健康还是舒适感，我们都将从各个角度为您考虑，确保您和宝宝都能得到最好的关爱。此外，现在正是购物的好时机，因为我们为您准备了限时的折扣优惠！快来加入我们，共同探索育儿路上的宝贵经验和优质产品吧！"

这些开场白旨在通过引入直播的主题、提及观众的关注点和折扣优惠，吸引观众的注意力并激发他们的兴趣参与直播。可以根据实际情况选择适合的开场白，以更好地吸引观众的关注。

图 4-22　ChatGPT 生成的 3 段不同的开场白

★ 专家提醒 ★

直播文案需要在一开始就引起观众的兴趣，可以使用一句有趣或引人入胜的开场白来吸引观众的注意力，让他们产生继续观看下去的兴趣。

步骤03 如果觉得ChatGPT给出的开场白有点长，可以向ChatGPT继续提出要求，输入"能否简短一点？"ChatGPT的回答如图4-23所示。这次，ChatGPT

的回答既简洁又明了。

图 4-23 ChatGPT 给出的精简的开场白

★ 专家提醒 ★

在直播间开播时，通过下列几个语言技巧，可以帮助主播吸引观众的注意力。

（1）热情问候：用亲切而热情的语气向观众问候，比如"大家好！""欢迎大家来到今天的直播！"这样的问候可以营造友好的氛围，并让观众感受到被关注。

（2）引入直播主题：简要介绍今天直播的主题和内容，让观众知道他们可以期待什么，比如"今天我们将带来一系列精选的母婴用品，解决您在育儿过程中的痛点！"引起观众的兴趣和好奇心。

（3）报告特别优惠：提及特别优惠、限时折扣或独家福利，比如"今天的直播中，我们有独家的折扣优惠，让您以更优惠的价格购买心仪的产品！"

（4）表达感激之情：表达对观众的感激之情，感谢他们的支持和参与，比如"非常感谢大家的到来和关注，没有你们就没有这个直播！"

4.3.3 产品卖点

在直播文案中，最重要的一部分是简要介绍即将呈现的内容或产品，将产品卖点最大化，让观众知道他们将会从直播中获得什么，因此在文案中要提及关键信息、特别亮点和价值主张。下面介绍通过ChatGPT生成产品卖点的具体操作步骤。

扫码看教学视频

步骤01 在ChatGPT中输入"接下来需要你撰写产品卖点，用来吸引消费者的注意力，主要产品有奶瓶、温奶器、婴儿面霜、婴儿润肤油，附上相应的优惠信息"，ChatGPT的回答如图4-24所示。

SU 接下来需要你撰写产品卖点，用来吸引消费者的注意力，主要产品有奶瓶、温奶器、婴儿面霜、婴儿润肤油，附上相应的优惠信息

当然，请看以下关于主要产品的卖点文案，附上相应的优惠信息：

1. 奶瓶：
   卖点：我们的奶瓶采用食品级材料制成，无毒无味，确保宝宝的健康成长。独特的防胀气设计，有效减少宝宝吞咽空气，降低胀气症状。而且，现在购买奶瓶即可享受8折优惠，快来抢购吧！
2. 温奶器：
   卖点：我们的温奶器采用先进的恒温技术，能够精确控制奶瓶温度，确保宝宝喝到温暖的奶水，方便快捷又安全。独特的智能定时功能，让您可以提前设置好喂奶时间，避免宝宝的等待。现在购买温奶器还可享受买一送一的优惠，赶快行动吧！
3. 婴儿面霜：
   卖点：我们的婴儿面霜采用天然成分，温和滋润宝宝的娇嫩肌肤，有效保护肌肤免受外界刺激。特别添加的维生素E和芦荟提取物，能够滋养肌肤，防止干燥和敏感。现在购买婴儿面霜即可享受买二送一的特惠，赶紧抓住机会哦！
4. 婴儿润肤油：
   卖点：我们的婴儿润肤油采用纯天然植物油提炼，温和滋润宝宝的皮肤，帮助保持肌肤水润柔嫩。富含维生素和抗氧化成分，能够修复肌肤，预防干燥和刺激。现在购买婴儿润肤油即可享受半价优惠，限时抢购！

这些产品卖点文案突出了产品的优势和好处，如健康材料、实用功能、温和滋润等，并结合具体的优惠信息，吸引消费者的注意力。您可以在直播中强调这些卖点，让观众更加了解和期待这些产品的优势和特点。

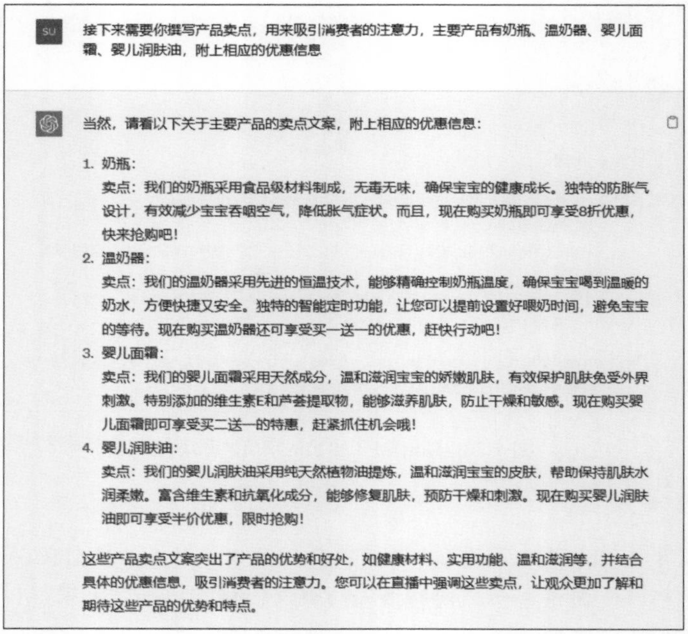

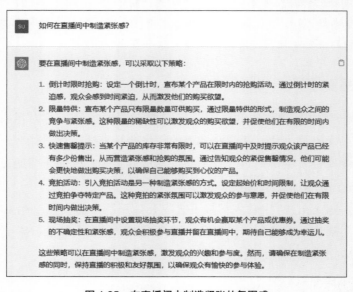

图 4-24　在 ChatGPT 中生成产品卖点

步骤 02 如果希望在直播间中制造紧张的氛围感，可以在ChatGPT中输入“如何在直播间中制造紧张感？”ChatGPT的回答如图4-25所示，它提供了一系列策略，主播们可以根据实际需要应用到直播中，激发观众的兴趣和参与度。

SU 如何在直播间中制造紧张感?

要在直播间中制造紧张感，可以采取以下策略：

1. 倒计时限时抢购：设定一个倒计时，宣布某个产品在限时内的抢购活动。通过倒计时的紧迫感，观众会感到时间紧迫，从而激发他们的购买欲望。
2. 限量特供：宣布某个产品只有限量数量可供购买，通过限量特供的形式，制造观众之间的竞争与紧张感。这种限量的稀缺性可以激发观众的购买欲望，并促使他们在有限的时间内做出决策。
3. 快速售罄提示：当某个产品的库存非常有限时，可以在直播间中及时提示观众该产品已经有多少份售出，从而营造紧张感和抢购的氛围。通过告知观众的紧促售罄情况，他们可能会更快地做出购买决策，以确保自己能够购买到心仪的产品。
4. 竞拍活动：引入竞拍活动是另一种制造紧张感的方式。设定起始价和时间限制，让观众通过竞拍争夺特定产品。这种竞拍的紧张氛围可以激发观众的参与意愿，并促使他们在有限时间内做出决策。
5. 现场抽奖：在直播间中设置现场抽奖环节，观众有机会赢取某个产品或优惠券。通过抽奖的不确定性和紧张感，观众会积极参与直播并留在直播间中，期待自己能够成为幸运儿。

这些策略可以在直播间中制造紧张感，激发观众的兴趣和参与度。然而，请确保在制造紧张感的同时，保持直播的积极和友好氛围，以确保观众有愉快的参与体验。

图 4-25　在直播间中制造紧张的氛围感

4.3.4 互动语言

扫码看教学视频

直播文案应该鼓励观众参与互动，如提问、留言或点赞等。可以提前准备好一些问题或话题，以便在直播中与观众进行互动，增加参与感和黏性，还可以准备一些留人技巧和追单技巧，用来提高直播间的销量。下面介绍通过ChatGPT生成互动语言的具体操作步骤。

步骤01 在ChatGPT中输入"要鼓励粉丝参与互动，请提供一些互动的问题或话题"，如图4-26所示。

图 4-26 在 ChatGPT 中提出相应需求

步骤02 按【Enter】键发送，ChatGPT即可根据要求给出回复，如图4-27所示。

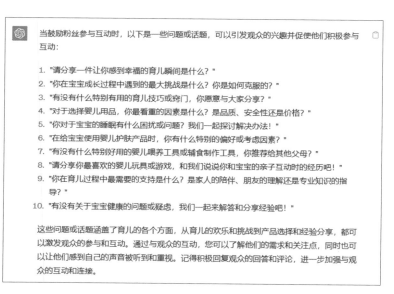

图 4-27 ChatGPT 根据要求给出回复

步骤03 在ChatGPT中继续输入"有哪些留人技巧？"ChatGPT的回答如图4-28所示，提供了多种留人技巧。

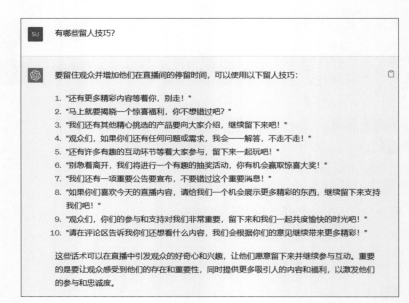

图 4-28　ChatGPT 提供的多种留人技巧

步骤 04 在ChatGPT中继续输入"有哪些追单技巧？"ChatGPT的回答如图 4-29所示，提供了多种追单语言技巧。至此，直播文案创作完成。

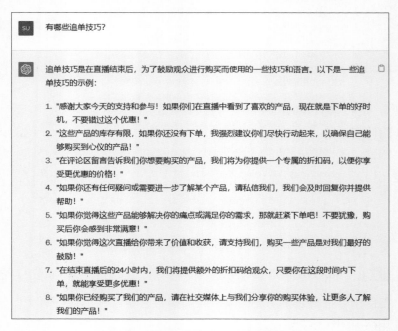

图 4-29　ChatGPT 提供的多种追单技巧

前面介绍了利用文案生成图片与视频的方法，其实文案也可以为直播所用，接下来以本节制作的直播文案为例，在直播文案中提取需要的内容，在腾讯智影平台中快速生成口播视频的效果，如图4-30所示，具体生成口播视频的方法可以参考第12章中的内容进行操作。

图4-30　在腾讯智影平台中快速生成口播视频的效果

本章小结

本章主要向读者介绍了广告、短视频及直播文案的创作技巧，通过与ChatGPT的各种对话，提出各种问题，让ChatGPT的回答越来越细致，越来越符合要求，因此，要学会如何向ChatGPT提问。通过对本章的学习，读者能够更好地掌握使用ChatGPT生成各种文案的操作方法。

课后习题

鉴于本章知识的重要性，为了帮助读者更好地掌握所学知识，本节将通过课后习题，帮助读者进行简单的知识回顾和补充。

1. 使用ChatGPT生成一篇奶茶类的广告文案。

2. 使用ChatGPT生成一篇带货类的短视频文案。

第 5 章
AI 绘画的原理、平台与软件

　　AI 绘画已经成为数字艺术的一种重要形式，它通过机器学习、计算机视觉和深度学习等技术，帮助艺术家快速地生成各种艺术作品，同时也为人工智能领域的发展提供了一个很好的应用场景。

5.1 AI绘画的基础知识

　　AI绘画是指利用人工智能技术来创造艺术作品的过程，它涵盖了各种技术和方法，包括计算机视觉、深度学习、生成对抗网络（Generative Adversarial Network，GAN）等。通过这些技术，计算机可以学习艺术风格，并使用这些知识来创造全新的艺术作品。图5-1所示为AI绘画效果。

图 5-1　AI 绘画效果

★ 专家提醒 ★

　　与传统的绘画创作不同，AI绘画的过程和结果都依赖于计算机技术和算法，它可以为艺术家和设计师带来更高效、更精准、更有创意的绘画创作体验。AI绘画的优势不仅仅在于提高创作效率和降低创作成本，更在于它为用户带来了更多的创造性和开放性，推动了艺术创作的发展。

　　本节主要介绍AI绘画的基础知识，如AI绘画的特点、技术原理及应用场景等，帮助读者更好地理解AI绘画。

5.1.1　AI 绘画的特点

　　AI绘画具有快速、高效、自动化等特点，它的技术特点主要在于能够利用人工智能技术和算法对图像进行处理和创作，实现艺术风格的融合和变换，提升用户的绘画创作体验。AI绘画的技术特点包括以下几个方面。

　　（1）图像生成：利用生成对抗网络、变分自编码器（Variational Auto

Encoder，VAE）等技术生成图像，实现从零开始创作新的艺术作品。

（2）风格转换：利用卷积神经网络（Convolutional Neural Networks，CNN）等技术将一张图像的风格转换成另一张图像的风格，从而实现多种艺术风格的融合和变换。图5-2所示为使用AI绘画创作的新疆胡杨树风光图，左图为超写实的画风，右图为油画风格。

图 5-2 AI 创作的不同风格的胡杨树画作

（3）自适应着色：利用图像分割、颜色填充等技术，让计算机自动为线稿或黑白图像添加颜色和纹理，从而实现图像的自动着色，如图5-3所示。

图 5-3 利用 AI 绘画技术为图像着色

（4）图像增强：利用超分辨率（Super-Resolution）、去噪（Noise Reduction Technology）等技术，可以大幅提高图像的清晰度和质量，使得艺术作品更加逼真、精细。关于图像增强技术，在本书后面还会有更详细的介绍，此处不再赘述。

★ 专家提醒 ★

超分辨率技术是通过硬件或软件的方法提高原有图像的分辨率，通过一系列低分辨率的图像来得到一幅高分辨率的图像过程就是超分辨率重建。

去噪技术是通信工程术语，是一种从信号中去除噪声的技术。图像去噪就是去除图像中的噪声，从而恢复真实的图像效果。

（5）监督学习和无监督学习：利用监督学习（Supervised Learning）和无监督学习（Unsupervised Learning）等技术，对艺术作品进行分类、识别、重构、优化等处理，从而实现对艺术作品的深度理解和控制。

★ 专家提醒 ★

监督学习也称为监督训练或有教师学习，它是利用一组已知类别的样本调整分类器的参数，使其达到所要求的性能的过程。

无监督学习是指根据类别未知（没有被标记）的训练样本解决模式识别中的各种问题。

5.1.2 AI绘画的技术原理

前面简单介绍了AI绘画的技术特点，下面将深入探讨AI绘画的技术原理，帮助读者进一步了解AI绘画，更好地理解AI绘画是如何实现绘画创作的，以及它如何通过不断的学习和优化来提高绘画质量。

1. 生成对抗网络技术

AI绘画的技术原理主要是生成对抗网络，它是一种无监督学习模型，可以模拟人类艺术家的创作过程，从而生成高度逼真的图像效果。

生成对抗网络（GAN）是一种通过训练两个神经网络来生成逼真图像的算法。其中，一个生成器（Generator）网络用于生成图像，另一个判别器（Discriminator）网络用于判断图像的真伪，并反馈给生成器网络。

生成对抗网络的目标是通过训练两个模型的对抗学习，生成与真实数据相似的数据样本，从而逐渐生成越来越逼真的艺术作品。GAN模型的训练过程可以简单描述为以下几个步骤，如图5-4所示。

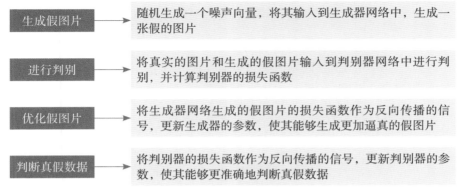

图 5-4　GAN 模型的训练过程

GAN模型的优点在于能够生成与真实数据非常相似的假数据，同时具有较高的灵活性和可扩展性。GAN是深度学习中的重要研究方向之一，已经成功应用于图像生成、图像修复、图像超分辨率、图像风格转换等领域。

2. 卷积神经网络技术

卷积神经网络（CNN）可以对图像进行分类、识别和分割等操作，同时也是实现风格转换和自适应着色的重要技术之一。卷积神经网络在AI绘画中起着重要作用，主要表现在以下几个方面。

（1）图像分类和识别：CNN可以对图像进行分类和识别，通过对图像进行卷积（Convolution）和池化（Pooling）等操作，提取出图像的特征，最终进行分类或识别。在AI绘画中，CNN可以用于对绘画风格进行分类，或对图像中的不同部分进行识别和分割，从而实现自动着色或图像增强等操作。

（2）图像风格转换：CNN可以通过将两个图像的特征进行匹配，实现将一张图像的风格应用到另一张图像上的操作。在AI绘画中，可以通过CNN实现将一个艺术家的绘画风格应用到另一个图像上，从而生成具有特定艺术风格的图像。图5-5所示为应用了美国艺术家詹姆士·古尼（James Gurney）的哑光绘画风格绘制的作品，关键词为"史诗哑光绘画，微距离拍摄，在花丛中，金叶，红花，晴天，春天，高清图片，哑光绘画"。

（3）图像生成和重构：CNN可以用于生成新的图像，或对图像进行重构。在AI绘画中，可以通过CNN实现对黑白图像的自动着色，或对图像进行重构和增强，以提高图像的质量和清晰度。

图 5-5　哑光绘画艺术风格

（4）图像降噪和杂物去除：在AI绘画中，可以通过CNN实现去除图像中的噪点和杂物，从而提高图像的质量和视觉效果。图5-6所示为去除远处人物后的前后对比效果。

图 5-6　去除图像中远处的人

总之，卷积神经网络作为深度学习中的核心技术之一，在AI绘画中具有广泛的应用场景，为AI绘画的发展提供了强大的技术支持。

3. 转移学习技术

转移学习又称为迁移学习（Transfer Learning），它是将已经训练好的模型应用于新的领域或任务中的一种方法，可以提高模型的泛化能力和效率。转移学习是指利用已经学过的知识和经验来帮助解决新的问题或任务的方法，因为模型可以利用已经学到的知识来帮助解决新的问题，而不必从头开始学习。

转移学习通常可以分为以下3种类型，如图5-7所示。

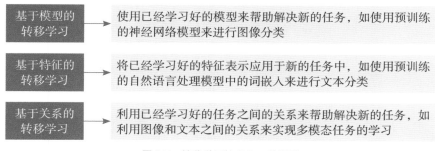

图 5-7　转移学习技术的 3 种类型

★ 专家提醒 ★

转移学习技术在许多领域中都有广泛应用，如计算机视觉、自然语言处理和推荐系统等。

4. 图像分割技术

图像分割是指将一张图像划分为多个不同区域的过程，每个区域具有相似的像素值或者语义信息。图像分割在计算机视觉领域应用广泛，如目标检测、自动着色、图像语义分割、医学影像分析、图像重构等。图像分割的方法可以分为以下几类，如图5-8所示。

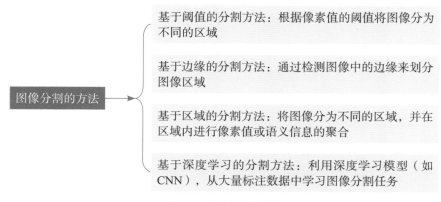

图 5-8　图像分割的方法

在实际应用中，基于深度学习的分割方法往往表现出较好的效果，尤其是在语义分割等高级任务中。同时，对于特定领域的图像分割任务，如医学影像分割，还需要结合领域知识和专业的算法来实现更好的效果。

5. 图像增强技术

图像增强是指对图像进行增强操作，使其更加清晰、明亮，色彩更鲜艳或更加易于分析。图像增强可以改善图像的质量，提高图像的可视性和识别性能。图5-9所示为常见的图像增强方法。

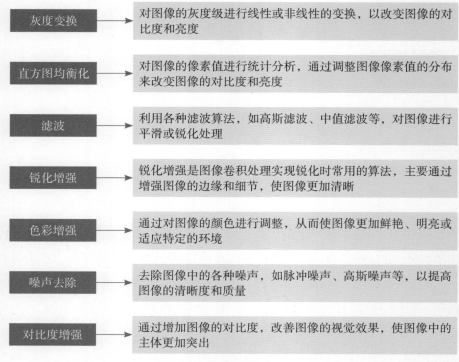

图 5-9　常见的图像增强方法

图5-10所示为图像色彩增强处理后的效果对比。总之，图像增强在计算机视觉、图像处理、医学影像处理等领域都有着广泛应用，可以帮助改善图像的质量和性能，提高图像处理的效率。

图 5-10　图像色彩增强处理后的效果对比

5.1.3 AI 绘画的应用场景

年年来，AI绘画得到了越来越多的关注和研究，其应用领域也越来越广泛，包括游戏、电影、动画、设计、数字艺术等。AI绘画不仅可以用于生成各种形式的艺术作品，包括绘画、素描、水彩画、油画、立体艺术等，还可以用于自动生成艺术品的创作过程，从而帮助艺术家更快、更准确地表达自己的创意。总之，AI绘画是一个非常有前途的领域，将会对许多行业和领域产生重大影响。

1. 游戏开发领域

AI绘画可以帮助游戏开发者快速生成游戏中需要的各种艺术资源，如人物角色、环境、场景及视觉效果等图像素材。图5-11所示为使用AI绘画技术绘制的游戏角色。游戏开发者可以通过GAN生成器或其他技术快速生成角色草图，然后再使用传统绘画工具进行优化和修改。

图 5-11 使用 AI 绘画技术绘制的游戏角色

2. 电影和动画领域

AI绘画技术在电影和动画制作中有着越来越广泛的应用，可以帮助电影和动画制作人员快速生成各种场景和进行角色设计，以及特效和后期制作。图5-12所示为使用AI绘画技术生成的环境和场景设计图，这些图可以帮助制作人员更好地规划电影和动画的场景和布局。

图5-13所示为使用AI绘画技术生成的角色设计图，可以帮助制作人员更好地理解角色，从而精准地塑造角色形象和个性。

图 5-12　使用 AI 绘画技术生成的环境和场景设计图

图 5-13　使用 AI 绘画技术生成的角色设计图

3. 设计和广告领域

在设计和广告领域中，使用AI绘画技术可以提高设计效率和作品质量，促进广告内容的多样化发展，增强产品设计的创造力和展示效果，并且能够提供更加智能、高效的用户交互体验。AI绘画技术可以帮助设计师和广告制作人员快速生成各种平面设计和宣传资料，如广告海报、宣传图等图像素材。图5-14所示为使用AI绘画技术绘制的音箱广告图片。

图 5-14　使用 AI 绘画技术绘制的音箱广告图片

　　AI绘画技术还可以用于生成虚拟的产品样品，如图5-15所示，在产品设计阶段，可以帮助设计师更好地进行设计和展示，并得到反馈和修改意见。

图 5-15　使用 AI 绘画技术绘制的产品样品图

4. 数字艺术领域

　　AI绘画已经成为数字艺术的一种重要形式，艺术家可以利用AI绘画的技术特点，创作出具有独特性的数字艺术作品，如图5-16所示。AI绘画的发展对于数字艺术的推广具有重要作用，它推动了数字艺术的创新。

图 5-16 使用 AI 绘画技术绘制的数字艺术作品

5.2 AI绘画的常用平台与软件

如今，AI绘画平台和工具的种类非常多，用户可以根据自己的需求选择合适的平台和工具进行绘画创作。本节将介绍6个比较常见的AI绘画平台和工具。

5.2.1 Midjourney

Midjourney是一款基于人工智能技术的绘画工具，它能够帮助艺术家和设计师更快速、更高效地创建数字艺术作品。Midjourney提供了各种绘画工具和指令，用户只要输入相应的关键词和指令，就能通过AI算法生成相对应的图片，整个过程只需要不到一分钟。图5-17所示为使用Midjourney绘制的作品。

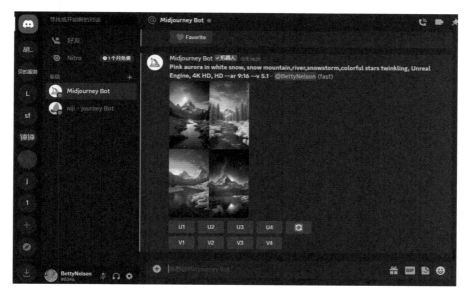

图 5-17　使用 Midjourney 绘制的作品

Midjourney具有智能化绘图功能，能够智能化地推荐颜色、纹理、图案等元素，帮助用户轻松创作出精美的绘画作品。同时，Midjourney还可以用来快速创建各种有趣的视觉效果和艺术作品，极大地方便了用户的日常设计工作。

5.2.2　文心一格

文心一格是百度依托飞桨、文心大模型的技术创新推出的一个AI艺术和创意辅助平台，利用飞桨的深度学习技术，帮助用户快速生成高质量的图像和艺术品，提高创作效率和创意水平，特别适合需要频繁进行艺术创作的人群，如艺术家、设计师和广告从业者等。文心一格平台可以实现以下几个功能。

（1）自动画像：用户可以上传一张图片，然后使用文心一格平台提供的自动画像功能，将其转换为艺术风格的图片。文心一格平台支持多种艺术风格，如二次元、漫画、插画和像素艺术等。

（2）智能生成：用户可以使用文心一格平台提供的智能生成功能，生成各种类型的图像和艺术作品。文心一格平台使用深度学习技术，能够自动学习用户的创意（即关键词）和风格，生成相应的图像和艺术作品。

（3）优化创作：文心一格平台可以根据用户的创意和需求，对已有的图像和艺术品进行优化和改进。用户只需输入自己的想法，文心一格平台就可以自动分析和优化相应的图像和艺术作品。

图5-18所示为使用文心一格绘制的作品。

图 5-18　使用文心一格绘制的作品

5.2.3　AI 文字作画

AI文字作画是由百度智能云智能创作平台推出的一个图片创作工具，能够基于用户输入的文本内容智能生成不同风格的图像，如图5-19所示。通过AI文字作画工具，用户只需简单输入一句话，AI就能根据语境给出不同的作品。

图 5-19　AI 文字作画生成的图像

5.2.4　ERNIE-ViLG

ERNIE-ViLG是由百度文心大模型推出的一个AI作画平台，采用基于知识增强算法的混合降噪专家建模，在MS-COCO（文本生成图像公开权威评测集）和人工盲评上均超越了Stable Diffusion、DALL-E 2等模型，并在语义可控性、图像清晰度、中国文化理解等方面展现出了显著优势。

ERNIE-ViLG通过视觉、语言等多源知识指引扩散模型学习，强化文图生成扩散模型对于语义的精确理解，以提升生成图像的可控性和语义一致性。

同时，ERNIE-ViLG引入基于时间步的混合降噪专家模型来提升模型建模能力，让模型在不同的生成阶段选择不同的降噪专家网络，从而实现更加细致的降噪任务建模，提升生成图像的质量。图5-20所示为ERNIE-ViLG生成的图像效果。

图 5-20　ERNIE-ViLG 生成的图像效果

另外，ERNIE-ViLG使用了多模态的学习方法，融合了视觉和语言信息，可以根据用户提供的描述或问题，生成符合要求的图像。同时，ERNIE-ViLG还采用了先进的生成对抗网络技术，可以生成具有高保真度和多样性的图像，并在多个视觉任务上展现了出色的表现。

5.2.5　Stable Diffusion

　　Stable Diffusion是一个基于人工智能技术的绘画工具，支持一系列自定义功能，可以根据用户的需求调整颜色、笔触、图层等参数，从而帮助艺术家和设计师创作出独特、高质量的艺术作品。与传统的绘画工具不同，Stable Diffusion可以自动控制颜色、线条和纹理的分布，从而创作出非常细腻、逼真的画作，如图5-21所示。

图 5-21　Stable Diffusion 生成的画作

5.2.6　DEEP DREAM GENERATOR

DEEP DREAM GENERATOR是一款使用人工智能技术来生成艺术风格图像的在线工具，它使用卷积神经网络算法来生成图像，这种算法可以学习一些特定的图像特征，并利用这些特征来创建新的图像，如图5-22所示。

图 5-22　DEEP DREAM GENERATOR 生成的图像

DEEP DREAM GENERATOR的使用方法非常简单，用户只需上传一张图像，然后选择想要的艺术风格和生成的图像大小。接下来，DEEP DREAM GENERATOR将使用卷积神经网络来对用户的图像进行处理，并生成一张新的艺术风格图像。同时，用户还可以通过调整不同的参数来控制生成的图像的细节和外观。

本章小结

本章主要向读者介绍了AI绘画的原理、平台与软件，首先介绍了AI绘画的基础知识，包括AI绘画的特点、技术原理及应用场景等内容；然后介绍了AI绘画的常用平台与软件，包括Midjourney、文心一格、AI文字作画、ERNIE-ViLG、Stable Diffusion及DEEP DREAM GENERATOR等平台。通过对本章的学习，读者能够对AI绘画有一个基本的了解。

课后习题

鉴于本章知识的重要性，为了帮助读者更好地掌握所学知识，本节将通过课后习题，帮助读者进行简单的知识回顾和补充。

1. 什么是AI绘画？你在哪些场景中见过AI绘画？
2. 除了本书介绍的AI绘画平台，你还知道哪些AI绘画平台？

第 6 章
运用文心一格快速生成图片

文心一格通过人工智能技术的应用，为用户提供了一系列高效、具有创造力的 AI 创作工具和服务，让用户在艺术和创意创作方面能够更加自由、高效地实现自己的创意想法。本章主要介绍文心一格的使用方法和进阶玩法，帮助读者实现"一语成画"的目标。

6.1 文心一格的使用方法

文心一格是源于百度在人工智能领域的持续研发和创新的一款产品。百度在自然语言处理、图像识别等领域中积累了深厚的技术实力和海量的数据资源，以此为基础，不断推进人工智能技术在各个领域的应用。

用户可以通过文心一格快速生成高质量的画作，支持自定义关键词、画面类型、图像比例、数量等参数，且生成的图像质量可以与人类创作的艺术品相媲美。需要注意的是，即使是完全相同的关键词，文心一格每次生成的画作也会有所差异。本节主要介绍文心一格的基本使用方法，帮助大家快速上手。

6.1.1 充值文心一格"电量"

"电量"是文心一格平台为用户提供的数字化商品，用于兑换文心一格平台上的图片生成服务、指定公开画作下载服务及其他增值服务等。下面介绍充值文心一格"电量"的操作方法。

扫码看教学视频

步骤 01 登录文心一格平台后，在"首页"页面中单击 ⚡ 按钮，如图6-1所示。

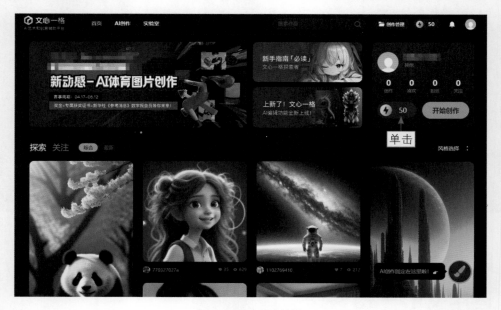

图 6-1　单击相应按钮

步骤 02 执行操作后，即可进入"充电小站"页面，用户可以通过完成签到、画作分享等任务来领取"电量"，也可以单击"充电"按钮，如图6-2所示。

图 6-2　单击"充电"按钮

步骤 03 执行操作后，弹出"充电"对话框，如图6-3所示，选择相应的充值金额，单击"确定"按钮进行充值即可。"电量"可用于文心一格平台提供的AI创作服务，当前支持选择"推荐"或"自定义"模式进行自由AI创作。创作失败的画作对应消耗的"电量"会退还至用户账号，用户可以在"电量明细"页面中查看。

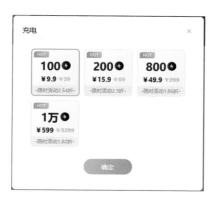

图 6-3　"充电"对话框

6.1.2　运用关键词一键作画

对于新手来说，可以直接使用文心一格的"推荐"AI绘画模式，只需输入关键词（该平台也将其称为创意），即可让AI自动生成画作，具体操作步骤如下。

扫码看教学视频

85

步骤 01 登录文心一格平台后，单击"开始创作"按钮，进入"AI创作"页面，输入相应的关键词，单击"立即生成"按钮，如图6-4所示。

图6-4 单击"立即生成"按钮

步骤 02 稍等片刻，即可生成一幅相应的AI绘画作品，如图6-5所示。

图6-5 生成 AI 绘画作品

★ 专家提醒 ★

本实例中用到的关键词为"海滩上有很多紫蓝色的玫瑰花，高度细致，美丽，真实照片，复杂的细节，超宽的视角，全景拍摄，前景有几朵紫蓝色的玫瑰"。

6.1.3　选择不同的画面风格

文心一格的画面类型非常多，包括"智能推荐""艺术联想""唯美二次元""怀旧漫画风""中国风""概念插画""梵高""超现实主义""动漫风""插画""像素艺术""炫彩插画"等类型。下面介绍选择不同的画面风格的操作方法。

步骤 01 进入"AI创作"页面，输入相应的关键词，在"画面类型"选项组中单击"更多"按钮，如图6-6所示。

图 6-6　单击"更多"按钮

步骤 02 执行操作后，即可展开"画面类型"选项组，在其中选择"唯美二次元"选项，如图6-7所示。

图 6-7　选择"唯美二次元"选项

★ 专家提醒 ★

本实例中用到的关键词为"一个可爱、漂亮的女孩，穿着华丽的白色连衣裙，面部特写非常详细，面带微笑，蓝色头发中有星系图案，闪耀的珠宝眼睛，大大的眼睛，复杂的细节"。

"唯美二次元"的特点是画面中充满了色彩斑斓、细腻柔和的线条，表现出梦幻、浪漫的情感氛围，让人感到轻松愉悦，常见于动漫、游戏、插画等领域。

步骤03 单击"立即生成"按钮，即可生成一幅"唯美二次元"类型的AI绘画作品，效果如图6-8所示。

图 6-8　生成"唯美二次元"类型的 AI 绘画作品

6.1.4　设置图片比例与数量

除了可以设置画面类型，文心一格还可以设置图像的比例（竖图、方图和横图）和数量（最多9张），具体操作步骤如下。

扫码看教学视频

步骤01 进入"AI创作"页面，输入相应的关键词，设置"比例"为"竖图"、"数量"为2，如图6-9所示。

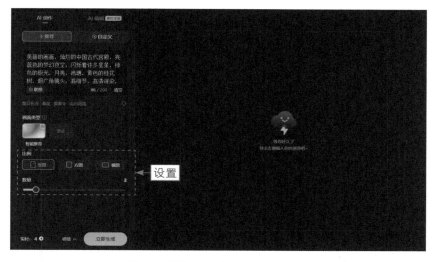

图 6-9 设置"比例"和"数量"选项

★ 专 家 提 醒 ★

本实例中用到的关键词为"美丽的画面，灿烂的中国古代宫殿，亮蓝色的梦幻夜空，闪烁着许多星星，绿色的极光，月亮，池塘，黄色的桂花树，超广角镜头，高细节，高清渲染，虚拟引擎，大气照明，高分辨率，电影风格"。

步骤 02 单击"立即生成"按钮，即可生成两幅AI绘画作品，效果如图6-10所示。

图 6-10 生成两幅 AI 绘画作品

89

6.1.5 使用高级自定义模式

扫码看教学视频

使用文心一格的"自定义"AI绘画模式，用户可以设置更多的关键词，从而让生成的图片效果更加符合自己的需求，具体操作步骤如下。

步骤01 进入"AI创作"页面，切换至"自定义"选项卡，输入相应的关键词，设置"选择AI画师"为"二次元"、"尺寸"为16：9，如图6-11所示。

步骤02 在下方继续设置"画面风格"为"动漫"、"修饰词"为"精细刻画"、"不希望出现的内容"为"腿部"，如图6-12所示。

图6-11 设置AI画师和图像尺寸

图6-12 设置其他选项

步骤03 单击"立即生成"按钮，即可生成自定义的AI绘画作品，效果如图6-13所示。

图6-13 生成自定义的AI绘画作品

★ 专家提醒 ★

本实例中用到的关键词为"角色设计，可爱的机器人，光滑的白色塑料，金色硬件，彩虹丝带电缆，虚幻的引擎，赛博朋克，精致的脸，微笑，无模糊效果"。

6.2 文心一格的进阶玩法

上一节介绍了文心一格的基本使用方法，讲解了文心一格的一些简单操作。本节主要讲解文心一格的进阶玩法，让大家掌握文心一格的高级功能。

6.2.1 以图生图制作二次元作品

使用文心一格的"上传参考图"功能，用户可以上传任意一张图片，通过文字描述想修改的地方，实现以图生图的效果，具体操作步骤如下。

扫码看教学视频

步骤01 在"AI创作"页面的"自定义"选项卡中，输入相应关键词，设置"选择 AI 画师"为"二次元"，单击"上传参考图"下方的■按钮，如图6-14 所示。

步骤02 执行操作后，弹出"打开"对话框，选择相应的参考图，如图6-15所示。

图 6-14　单击相应按钮

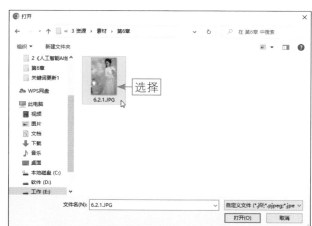

图 6-15　选择相应的参考图

步骤 03 单击"打开"按钮，上传参考图，并设置"影响比重"为6，该数值越大，参考图的影响就越大，如图6-16所示。

步骤 04 设置"数量"为1，单击"立即生成"按钮，如图6-17所示。

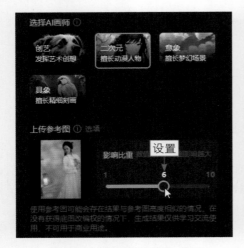

图 6-16 设置"影响比重"选项

图 6-17 单击"立即生成"按钮

步骤 05 执行操作后，即可根据参考图生成自定义的AI绘画作品，效果如图6-18所示。

图 6-18 根据参考图生成自定义的 AI 绘画作品

★ 专家提醒 ★

在文心一格中输入关键词时，不用太考究英文字母的大小写格式，这个对输出结果没有影响，只要保证英文单词的正确性即可，同时各个关键词中间要用空格或逗号隔开。

6.2.2 用叠加功能混合两张图片

扫码看教学视频

文心一格的"图片叠加"功能是指将两张图片叠加在一起，生成一张新的图片，新的图片会同时具备两张图片的特征，具体的操作步骤如下。

步骤01 在"AI创作"页面中切换至"AI编辑"选项卡，展开"图片叠加"选项组，单击左侧的"选择图片"按钮，如图6-19所示。

步骤02 在弹出的对话框中选择"上传本地照片"选项卡，单击"选择文件"按钮，如图6-20所示。

图 6-19 单击左侧的"选择图片"按钮

图 6-20 单击"选择文件"按钮

步骤03 弹出"打开"对话框，选择相应的图片素材，如图6-21所示。

步骤04 单击"打开"按钮，上传本地图片，单击"确定"按钮，如图6-22所示。

图 6-21 选择相应的图片素材

图 6-22 单击"确定"按钮

步骤 05 执行操作后，即可添加基础图，在"图片叠加"选项组中单击右侧的"选择图片"按钮，如图6-23所示。

步骤 06 弹出相应的对话框，在"我的作品"选项卡中选择一张图片，单击"确定"按钮，如图6-24所示。

图 6-23　单击右侧的"选择图片"按钮　　　　图 6-24　单击"确定"按钮

步骤 07 执行操作后，即可添加叠加图，调整两张图片对结果的影响程度，并输入相应的关键词（用户希望生成的图片内容），如图6-25所示。

步骤 08 单击"立即生成"按钮，即可叠加两张图片，生成一张新图片，效果如图6-26所示。

图 6-25　输入相应的关键词　　　　图 6-26　生成一张新图片

6.2.3　识别图片中的人物动作再创作

扫码看教学视频

"人物动作识别再创作"功能可以识别图片中的人物动作，再结合输入的描述词生成与动作相近的画作，具体的操作步骤如下。

步骤01 进入"人物动作识别再创作"页面，单击"将文件拖到此处，或点击上传"按钮，如图6-27所示。

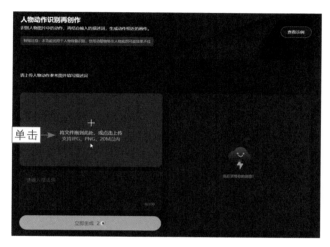

图 6-27　单击"将文件拖到此处，或点击上传"按钮

步骤02 执行操作后，弹出"打开"对话框，选择相应的图片，如图6-28所示。

步骤03 单击"打开"按钮，即可添加参考图，输入相应的关键词"小孩，可爱，春日，唯美二次元"，单击"立即生成"按钮，如图6-29所示。

图 6-28　选择相应的图片

图 6-29　单击"立即生成"按钮

步骤 04 执行操作后，即可生成对应的骨骼图和效果图，如图6-30所示。

图 6-30　生成对应的骨骼图和效果图

6.2.4　识别图片生成线稿图再创作

扫码看教学视频

"线稿识别再创作"功能可以识别用户上传的本地图片，并生成线稿图，然后再结合用户输入的关键词生成相应的画作，具体操作步骤如下。

步骤 01 进入"线稿识别再创作"页面，单击"将文件拖到此处，或点击上传"按钮，如图6-31所示。

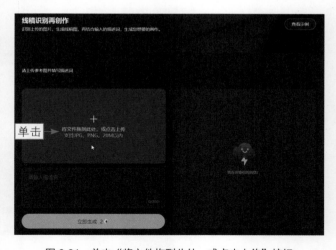

图 6-31　单击"将文件拖到此处，或点击上传"按钮

步骤02 执行操作后，弹出"打开"对话框，选择相应的图片，如图6-32所示。

步骤03 单击"打开"按钮，即可添加参考图，输入相应的关键词"湖边，树枝，白鹭，展翅，天气好"，单击"立即生成"按钮，如图6-33所示。

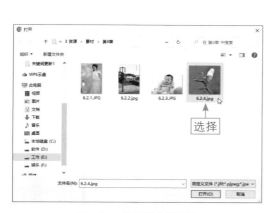

图 6-32　选择相应的图片

图 6-33　单击"立即生成"按钮

步骤04 执行操作后，即可生成对应的线稿图和效果图，如图6-34所示。

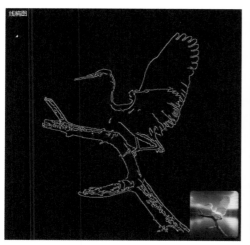

图 6-34　生成对应的线稿图和效果图

6.2.5　使用自定义模型再创作

文心一格支持"自定义模型"训练功能，用户可以根据自己的需求和数据，训练出符合自己要求的模型，实现更加个性化、高效的创作方式。"自定义模型"训练功能包括以下两种模型。

（1）二次元人物形象：使用文心一格的"自定义模型"功能，只需简单几步即可定制属于自己的二次元人物形象，其流程如图6-35所示。

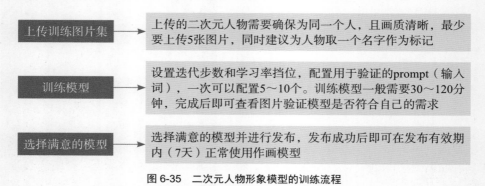

图 6-35　二次元人物形象模型的训练流程

（2）二次元画风：让AI模型学习到训练集的画风，如画面布局、色调、笔触、风格等，其方法与二次元人物形象类似。

本章小结

本章主要向读者介绍了文心一格的基本使用方法和进阶玩法，包括运用关键词一键作画、选择不同的画面风格、设置图片比例和数量、使用高级自定义模式、以图生图制作二次元，以及用叠加功能混合两张图等内容。通过对本章的学习，读者能够更好地掌握使用文心一格创作AI画作的操作方法。

课后习题

鉴于本章知识的重要性，为了帮助读者更好地掌握所学知识，本节将通过课后习题，帮助读者进行简单的知识回顾和补充。

1.使用文心一格绘制一幅"动漫二次元"风格的AI画作。

2.使用文心一格的"线稿识别再创作"功能绘制一幅画作。

第 7 章
运用 Midjourney 进行 AI 绘图

　　Midjourney 是一款于 2022 年 3 月面世的 AI 绘画工具，用户可以在其中输入文字、图片等内容，让机器自动创作出符合要求的 AI 画作。本章主要介绍使用 Midjourney 进行 AI 绘图的操作方法。

7.1 掌握Midjourney的使用方法

使用Midjourney绘画非常简单，具体取决于用户使用的关键词。当然，如果用户要创建高质量的AI绘画作品，则需要大量的训练数据、计算能力和对艺术设计的深入了解。因此，虽然Midjourney的操作可能相对简单，但要创造出独特、令人印象深刻的艺术作品，仍需要用户不断探索、尝试和创新。本节将介绍一些基本的绘画技巧，帮助用户快速掌握Midjourney的操作方法。

7.1.1　使用英文关键词进行创作

扫码看教学视频

Midjourney主要使用文本指令和关键词来完成绘画操作，尽量输入英文关键词，同时对于英文单词的首字母大小写没有要求。下面介绍具体的操作方法。

步骤 01 在Midjourney下面的输入框中输入/（正斜杠符号），在弹出的列表框中选择/imagine（想象）指令，如图7-1所示。

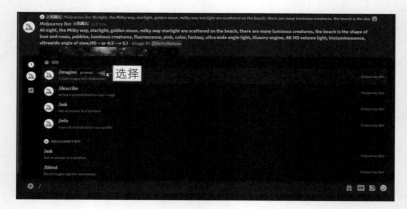

图 7-1　选择 /imagine 指令

步骤 02 在 /imagine 指令后面的文本框中输入关键词"Amazing palace，paradise，sapphire，ruby，crystal，jade，surrealism，pink rose（令人惊叹的宫殿，天堂，蓝宝石，红宝石，水晶，玉石，超现实主义，粉红玫瑰）"，如图7-2所示。

图 7-2　输入关键词

步骤 **03** 按【Enter】键确认，即可看到Midjourney Bot已经开始工作了，如图7-3所示。

图 7-3　Midjourney Bot 开始工作

步骤 **04** 稍等片刻，Midjourney将生成4张对应的图片，如图7-4所示。

图 7-4　生成 4 张对应的图片

7.1.2　放大单张图效果进行精细刻画

Midjourney生成的图片效果下方的U按钮表示放大选中图的细节，可以生成单张的大图效果。如果用户对4张图片中的某张图片感到满意，可以使用U1~U4按钮进行选择，并在相应图片的基础上进行更加精细的刻画，下面介绍具体的操作方法。

扫码看教学视频

步骤 **01** 以7.1.1小节的效果为例，单击U3按钮，如图7-5所示。

步骤 **02** 执行操作后，Midjourney将在第3张图片的基础上进行更加精细的刻画，并放大图片效果，如图7-6所示。

步骤 03 单击Make Variations（做出变更）按钮，将以该张图片为模板，重新生成4张图片，如图7-7所示。

图 7-5　单击 U3 按钮

图 7-6　放大第 3 张图片效果

步骤 04 单击U1按钮，放大第1张图片效果，如图7-8所示。

图 7-7　重新生成 4 张图片

图 7-8　放大第 1 张图片效果

步骤 05 单击Favorite（喜欢）按钮，可以标注喜欢的图片，如图7-9所示。

步骤 06 在图片缩略图上单击，弹出照片窗口，单击下方的"在浏览器中打开"链接，如图7-10所示。

步骤07 执行操作后，即可打开浏览器，预览生成的大图效果，如图7-11所示。

图 7-9　标注喜欢的图片

图 7-10　单击"在浏览器中打开"链接

图 7-11　预览生成的大图效果

★ 专家提醒 ★

在浏览器的新窗口中打开图片后，用户可以在地址栏中复制图片的链接，也可以在图片上单击鼠标右键，在弹出的快捷菜单中选择"图片另存为"命令，将图片保存到计算机中。

7.1.3　以所选图片样式重新生成新图

　　V按钮的功能是以所选的图片样式为模板重新生成4张图片，作用与Make Variations（做出变更）按钮类似，下面介绍具体的操作方法。

　　步骤01 以7.1.1小节的效果为例，单击V1按钮，如图7-12所示。

　　步骤02 执行操作后，Midjourney将以第1张图片为模板，重新生成4张图片，如图7-13所示。

图 7-12　单击 V1 按钮　　　　　　　　　图 7-13　重新生成 4 张图片

　　步骤03 如果用户对重新生成的图片都不满意，可以单击 ⟳（循环）按钮，如图7-14所示。

　　步骤04 执行操作后，Midjourney会再次生成4张图片，如图7-15所示。

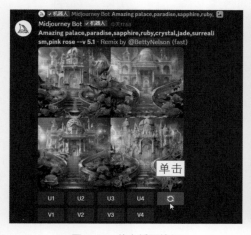
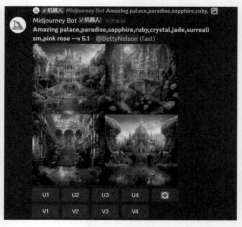

图 7-14　单击循环按钮　　　　　　　　　图 7-15　再次生成 4 张图片

7.1.4　使用 /describe 指令获取图片关键词

关键词也称为关键字、描述词、输入词、提示词、代码等，网上大部分用户也将其称为"咒语"。在Midjourney中，用户可以使用/describe（描述）指令获取图片的关键词，下面介绍具体的操作方法。

步骤01 在Midjourney下面的输入框中输入/，在弹出的列表框中选择/describe指令，如图7-16所示。

步骤02 执行操作后，单击上传按钮，如图7-17所示。

图 7-16　选择 /describe 指令

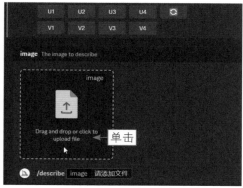

图 7-17　单击上传按钮

步骤03 执行操作后，弹出"打开"对话框，选择相应的图片，如图7-18所示。

步骤04 单击"打开"按钮，将图片添加到Midjourney的输入框中，如图7-19所示，按【Enter】键确认。

图 7-18　选择相应的图片

图 7-19　添加图片到 Midjourney 的输入框中

步骤 **05** 执行操作后，Midjourney会根据用户上传的图片生成4段关键词内容，如图7-20所示。用户可以通过复制关键词或单击下面的1～4按钮，以该图片为模板生成新的图片效果。

步骤 **06** 例如，复制第1段关键词后，通过/imagine指令生成4张新的图片，效果如图7-21所示。

图 7-20 生成 4 段关键词内容

图 7-21 生成 4 张新的图片

7.1.5 使用 /blend 指令混合图片变成新图

在Midjourney中，用户可以使用/blend（混合）指令快速上传2～5张图片，然后查看每张图片的特征，并将它们混合成一张新的图片，下面介绍具体的操作方法。

扫码看教学视频

步骤 **01** 在Midjourney下面的输入框中输入/，在弹出的列表框中选择/blend指令，如图7-22所示。

步骤 **02** 执行操作后，出现两个图片框，单击左侧的上传按钮，如图7-23所示。

步骤 **03** 执行操作后，弹出"打开"对话框，选择相应的图片，如图7-24所示。

步骤 **04** 单击"打开"按钮，将图片添加到左侧的图片框中，并用同样的操作方法再次添加一张图片，如图7-25所示。

图 7-22 选择 /blend 指令

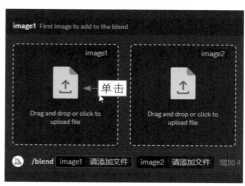

图 7-23 单击左侧的上传按钮

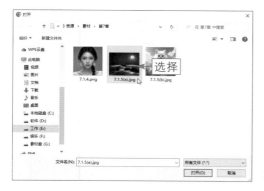

图 7-24 选择相应的图片

图 7-25 再添加一张图片

步骤 05 连续按两次【Enter】键，Midjourney会自动完成图片的混合操作，并生成4张新的图片，这是没有添加任何关键词的效果，如图7-26所示。

步骤 06 单击U4按钮，放大第4张图片效果，如图7-27所示。

图 7-26 生成 4 张新的图片

图 7-27 放大第 4 张图片效果

★ 专家提醒 ★

输入/blend指令后，系统会提示用户上传两张图片。要添加更多图片，可选择optional/options（可选的/选项）字段，然后选择image（图片）3、image4或image5字段添加对应数量的图片。/blend指令最多可处理5张图片，如果用户要使用5张以上的图片，可使用/imagine指令。

步骤07 单击图片显示大图效果，单击"在浏览器中打开"链接，如图7-28所示。

步骤08 执行操作后，即可在浏览器的新窗口中打开该图片，效果如图7-29所示。

图 7-28 单击"在浏览器中打开"链接

图 7-29 在浏览器的新窗口中打开图片

7.2 掌握Midjourney的高级功能

Midjourney具有强大的AI绘图功能，用户可以通过各种指令和关键词来改变AI绘图的效果，生成更优秀的AI画作。本节将介绍一些Midjourney的高级绘图功能，让用户在创作AI画作时更加得心应手。

7.2.1 使用 --ar 指令调整图片尺寸

通常情况下，使用Midjourney生成的图片尺寸默认为1∶1的方图，其实用户可以使用--ar指令来修改生成的图片尺寸，下面介绍具体的操作方法。

扫码看教学视频

步骤 01 通过/imagine指令输入相应的关键词，Midjourney默认生成的效果如图7-30所示。

步骤 02 继续通过/imagine指令输入相同的关键词，并在结尾处加上--ar 9：16指令（注意与前面的关键词用空格隔开），即可生成9：16尺寸的图片，如图7-31所示。

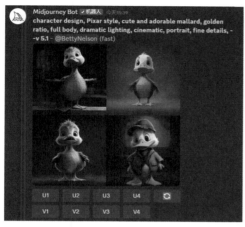 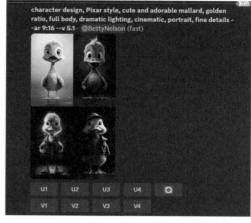

　　　图 7-30　默认生成的效果　　　　　　　　图 7-31　生成 9：16 尺寸的图片

图7-32所示为9：16尺寸的大图效果。需要注意的是，在图片生成或放大过程中，最终输出的尺寸效果可能会略有修改。

图 7-32　9：16 尺寸的大图效果

7.2.2 使用 --quality 指令提升图片质量

在Midjourney中生成AI画作时，可以使用--quality（质量）指令处理并产生更多的细节，从而提高图片的质量，下面介绍具体的操作方法。

步骤01 通过/imagine指令输入相应的关键词，Midjourney默认生成的图片效果如图7-33所示。

步骤02 继续通过/imagine指令输入相同的关键词，并在关键词的结尾处加上--quality .25指令，即可以最快的速度生成最不详细的图片效果，可以看到兔子周围及背景的细节基本上看不到了，如图7-34所示。

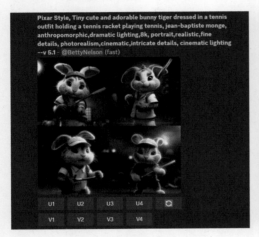

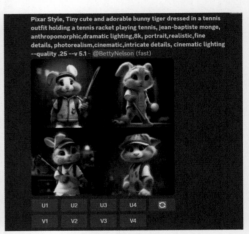

图 7-33　默认生成的图片效果　　　　　图 7-34　最不详细的图片效果

步骤03 继续通过/imagine指令输入相同的关键词，并在关键词的结尾处加上--quality .5指令，即可生成不太详细的图片效果，同不使用--quality指令时的结果差不多，如图7-35所示。

步骤04 继续通过/imagine指令输入相同的关键词，并在关键词的结尾处加上--quality 1指令，即可生成拥有更多细节的图片效果，如图7-36所示。

图7-37所示为加上--quality 1指令后生成的图片效果。需要注意的是，更高的--quality值并不总是更好，有时较低的--quality值可以产生更好的结果，这取决于用户对作品的期望。例如，较低的--quality值比较适合绘制抽象风格的画作。

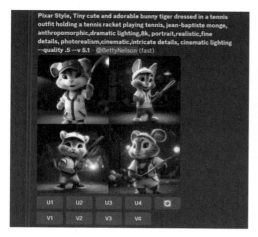

图 7-35　不太详细的图片效果

图 7-36　拥有更多细节的图片效果

图 7-37　加上 --quality 1 指令后生成的图片效果

7.2.3　使用 --c 指令激发 AI 的创造能力

在Midjourney中使用--chaos（简写为--c）指令，可以激发AI的创造能力，值（0～100）越大，AI就会有更多自己的想法，下面介绍具体的操作方法。

扫码看教学视频

步骤01 通过/imagine指令输入相应的关键词，并在关键词的后面加上--c 10指令，如图7-38所示。

图 7-38 输入相应的关键词和指令

★ 专家提醒 ★

较高的 --chaos 值将产生更多不寻常和意想不到的结果和组合，较低的 --chaos 值具有更可靠的结果。

步骤02 按【Enter】键确认，生成的图片效果如图7-39所示。

图 7-39 较低的 --chaos 值生成的图片效果

步骤03 再次通过/imagine指令输入相同的关键词，并将--c指令的值修改为100，生成的图片效果如图7-40所示。

图 7-40　较高的 --chaos 值生成的图片效果

7.2.4　使用混音模式让绘画更加灵活

　　使用Midjourney的混音模式可以更改关键词、参数、模型版本或变体之间的纵横比，让AI绘画变得更加灵活、多变，下面介绍具体的操作方法。

扫码看教学视频

　　步骤01 在Midjourney下面的输入框中输入/，在弹出的列表框中选择/settings指令，如图7-41所示。

　　步骤02 按【Enter】键确认，即可打开Midjourney的设置面板，如图7-42所示。

图 7-41　选择 /settings 指令

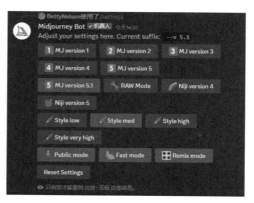

图 7-42　打开 Midjourney 的设置面板

★ 专家提醒 ★

为了帮助读者更好地理解，下面将设置面板中的内容翻译成了中文，如图7-43所示。直接翻译的英文不是很准确，具体用法需要用户多加练习才能掌握。

步骤03 在设置面板中单击Remix mode（混音模式）按钮，如图7-44所示，即可开启混音模式。

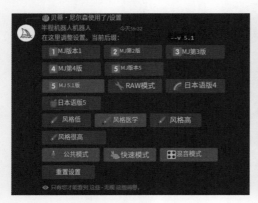

图 7-43　设置面板的中文翻译

图 7-44　单击 Remix mode 按钮

步骤04 通过 /imagine 指令输入相应的关键词，生成的图片效果如图7-45所示。

步骤05 单击 V3 按钮，弹出 Remix Prompt（混音提示）对话框，如图7-46所示。

图 7-45　生成的图片效果

图 7-46　Remix Prompt 对话框

步骤06 适当修改关键词，如将cat（猫）修改为dog（狗），如图7-47所示。

步骤07 单击"提交"按钮，即可重新生成相应的图片，将图中的小猫变成小狗，效果如图7-48所示。

图 7-47 修改关键词

图 7-48 重新生成相应的图片效果

7.2.5 使用 --repeat 指令批量生成图片

在Midjourney中使用--repeat（重复）指令，可以批量生成多组图片，大幅提高出图速度，下面介绍具体的操作方法。

扫码看教学视频

步骤01 通过/imagine指令输入相应的关键词，并在关键词的后面加上--repeat 2指令，如图7-49所示。

图 7-49 输入相应的关键词和指令

步骤02 按【Enter】键确认，Midjourney将同时生成两组图片，如图7-50所示。

图 7-50 同时生成两组图片

本章小结

本章主要向读者介绍了Midjourney艺术创作的相关操作技巧，包括Midjourney的使用方法和Midjourney的高级绘图功能等内容。通过对本章的学习，读者能够更好地掌握使用Midjourney进行AI绘图的操作方法。

课后习题

鉴于本章知识的重要性，为了帮助读者更好地掌握所学知识，本节将通过课后习题，帮助读者进行简单的知识回顾和补充。

1. 使用Midjourney中的/blend（混合）指令，将两张图片混合为一张图片。

2. 使用Midjourney批量生成4组图片。

第 8 章

案例：Logo、插画与漫画创作

运用文心一格与 Midjourney 平台可以快速生成需要的图像画面，本章将通过 3 个案例，详细讲解通过文心一格与 Midjourney 快速生成 Logo、插画与漫画的技巧，希望读者熟练掌握本章内容。

8.1 Logo创作：《水果店标志》

Logo（也称为标志）是一种具有代表性的图形符号，通常用于表示品牌、组织、产品或服务。它可以是一个简单的图标、一个字母、一个单词或它们的组合。Logo的设计旨在通过形状、颜色、字体和图像等元素来传达特定的信息和意义。

本节以设计一个水果店的Logo为例，讲解通过Midjourney平台进行Logo创作的操作方法，主要包括设计Logo关键词、优化Logo关键词及对Logo进行精细刻画等内容。

8.1.1 设计关键词

扫码看教学视频

如果要在Midjourney中设计Logo标志，首先需要设计关键词，在百度翻译中将中文翻译成英文，然后复制到Midjourney中进行设计，具体操作步骤如下。

步骤 01 在浏览器中打开"百度翻译"页面，在左侧的文本框中输入Logo关键词"Logo设计，水果店，绿色"，右侧直接翻译成了英文，表示需要设计一个水果店的Logo标志，色调以绿色为主，如图8-1所示。

图 8-1　输入 Logo 关键词

步骤 02 复制右侧的英文，在Midjourney下面的输入框中输入/（正斜杠符号），在弹出的列表框中选择/imagine（想象）指令，在/imagine指令后面的文本框中粘贴关键词"Logo design，fruit shop，green（Logo设计、水果店、绿色）"，如图8-2所示。

图 8-2　在文本框中粘贴关键词

步骤 03 按【Enter】键确认，即可看到Midjourney Bot已经开始工作了，稍等片刻，Midjourney将生成4张对应的水果店Logo图片，如图8-3所示。

步骤 04 整体来说，Midjourney生成的Logo图片还可以，但是用户可能不太喜欢这种风格，接下来修改一下描述，在描述中加入一些特殊要求。在百度翻译中输入"Logo设计、水果店、绿色、扁平化，2D，白色背景"，如图8-4所示，然后复制对应的英文内容。

图 8-3 Midjourney 第一次生成的 Logo 图片

图 8-4 在百度翻译中修改关键词

步骤 05 把这些关键词提交给Midjourney。在Midjourney中通过/imagine指令粘贴修改后的关键词，生成的效果如图8-5所示。

步骤 06 这次生成的Logo简洁了许多，单击U1按钮放大图片，如图8-6所示。

图 8-5 Midjourney 第二次生成的 Logo 图片

图 8-6 单击 U1 按钮放大图片

★ 专家提醒 ★

在开始设计 Logo 时，尽量不要限制 Midjourney 的范围，让 Midjourney 先生成一个大概的图像，然后根据这个图像再做一个范围的限制，优化图像，最后得到想要的效果。

8.1.2 优化关键词

扫码看教学视频

如果你觉得Midjourney生成的Logo还有些复杂，希望能再简洁一点，此时可以优化关键词，一步一步达到所需的效果。下面介绍优化关键词的操作方法。

步骤01 在百度翻译中输入"Logo设计、水果店、绿色、扁平化，2D，白色背景，简洁风、矢量"，如图8-7所示，这一次关键词中添加了"简洁风"和"矢量"两个关键词，然后复制对应的英文内容。

图 8-7　在百度翻译中输入相应关键词

步骤02 把这些关键词提交给Midjourney。在Midjourney中通过/imagine指令粘贴修改后的关键词，Midjourney生成的效果如图8-8所示。

步骤03 这次，Midjourney生成的效果简洁了许多，第3张图片的效果就非常不错，这里单击U3按钮，查看放大后的Logo图片效果，如图8-9所示。

图 8-8　Midjourney 第三次生成的 Logo

图 8-9　查看放大后的 Logo 图片

8.1.3 精细刻画 Logo

如果觉得第3张Logo图片还可以，此时可以以它为模板，重新生成4张Logo图片，对Logo进行精细刻画，直至挑选出满意的Logo，具体操作步骤如下。

扫码看教学视频

步骤 01 在Midjourney生成的图片下方，单击V3按钮，如图8-10所示。

步骤 02 执行操作后，Midjourney将以第3张图片为模板，重新生成4张类似的Logo图片，如图8-11所示。

图 8-10　单击 V3 按钮

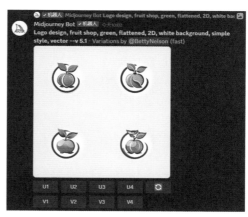

图 8-11　重新生成 4 张图片

步骤 03 单击U3按钮，查看放大后的Logo图片效果，如图8-12所示。

步骤 04 在照片缩略图上单击，弹出照片窗口，单击下方的"在浏览器中打开"链接，即可打开浏览器，预览生成的大图效果，如图8-13所示。

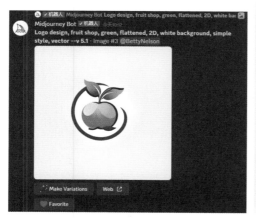

图 8-12　查看放大后的 Logo 图片

图 8-13　预览生成的大图效果

★ 专家提醒 ★

Logo 设计在品牌建设中起着十分重要的作用，因为它是公司形象的核心元素之一。

8.2 插画创作：《山水国风》

插画是一种通过绘画、绘图或数字艺术来传达故事、观念或情感的艺术形式，通常用于书籍、杂志、广告、漫画、动画和电子媒体等方面。插画作品的风格多种多样，可以是卡通风格、现实主义风格、抽象风格等，具体取决于个人风格和需求。

本节以设计一幅山水国风插画为例，讲解通过Midjourney平台进行插画创作的操作方法，主要包括描述画面主体、补充画面细节、设置画面分辨率和设置画面尺寸等内容。

8.2.1 描述画面主体

描述画面主体是指使用形容词和形容词短语来描述主体的外观，或者描述一个建筑物的高度、结构和材料。描述主体时，也可以提及与之相关的环境、场景或其他元素，以提供更完整的描绘。

扫码看教学视频

例如，要创作一幅山水国风的画作，可以先让ChatGPT生成关键词，然后再通过Midjourney进行绘画，具体操作步骤如下。

步骤 01 在ChatGPT中输入关键词"你是一个AI画师，请帮我简单写5个描述山水国风插画的关键词，20字"，ChatGPT的回答如图8-14所示。

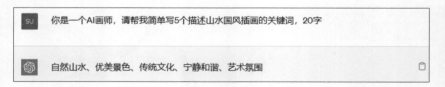

图 8-14 在 ChatGPT 中输入关键词

步骤 02 在ChatGPT中继续输入"请将这些描述翻译成英文"，ChatGPT的回答如图8-15所示，然后复制这些英文。

步骤 03 在Midjourney中通过/imagine指令粘贴翻译后的英文关键词，生成初步的图片效果，如图8-16所示。

步骤 04 单击U2按钮，查看放大后的山水国风插画效果，如图8-17所示。

图 8-15　请将这些描述翻译成英文

图 8-16　生成初步的图片效果

图 8-17　查看山水国风插画效果

8.2.2 补充画面细节

如果对Midjourney初步生成的图片效果不太满意，此时可以继续补充画面细节关键词，让AI进一步理解自己的想法。补充画面细节后，再次通过Midjourney生成图片效果，具体操作步骤如下。

步骤 01 在ChatGPT中输入"关于山水国风插画，还能列出哪些更细节的关键词描述吗？"ChatGPT的回答如图8-18所示。

图 8-18 ChatGPT 提供了更细节的描述

步骤 02 在Midjourney中通过/imagine指令输入需要的关键词，补充画面细节描述，如图8-19所示。

图 8-19 通过 /imagine 指令输入需要的关键词

★ 专家提醒 ★

本实例中用到的关键词为"Natural landscape, beautiful scenery, traditionalculture, serene harmony, artistic atmosphere, cascade waterfalls, pavilions and towers, spectacular sunriseor sunset, peach blossoms or cherry blossoms（自然山水，优美景色，传统文化，宁静和谐，艺术氛围，瀑布，壮丽的日出或日落，桃花或樱花）"。

步骤 03 按【Enter】键确认，这次Midjourney生成的图片效果漂亮了许多，画面元素也更加丰富了，如图8-20所示。

步骤 04 如果用户对于重新生成的图片都不满意，可以单击 🔁（循环）按钮，Midjourney会再次生成多张图片，如图8-21所示。

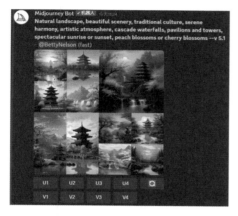

图 8-20　Midjourney 重新生成的图片

图 8-21　再次生成多张图片

步骤 05 单击U1按钮，然后在照片缩略图上单击，弹出照片窗口，单击下方的"在浏览器中打开"链接，预览生成的大图效果，如图8-22所示。

图 8-22　预览生成的大图效果

★ 专家提醒 ★

通过放大后的图片可以看出，图片的像素并不高，画面中的部分细节没有显示清晰，此时可以对图片的分辨率提出要求，让 Midjourney 生成高画质的图片效果。

8.2.3　设置画面分辨率

设置画面的分辨率能够进一步调整画面细节，除了Midjourney中的指令参数，用户还可以添加"super details, HD pictures 8k（超级细节，高清图片8k）"等关键词，让画面的细节更加真实、精美。下面介绍设置画面分辨率的操作方法。

扫码看教学视频

步骤01 在Midjourney中通过/imagine指令输入相应的关键词，最后加上关键词"super details, HD pictures 8k（超级细节，高清图片8k）"如图8-23所示。

步骤02 按【Enter】键确认，Midjourney生成的效果如图8-24所示。

图 8-23　加上关键词设置画面分辨率

步骤03 单击U3按钮，查看放大后的图片效果，如图8-25所示。

图 8-24　Midjourney 生成的效果

图 8-25　查看放大后的图片效果

步骤04 在照片缩略图上单击，弹出照片窗口，单击下方的"在浏览器中打开"链接，预览生成的大图效果，可以发现照片的细节更加丰富，如图8-26所示。

图 8-26　设置画面分辨率后的效果

8.2.4　设置画面尺寸

扫码看教学视频

画面尺寸是指AI生成的图像纵横比，也称为宽高比或画幅，通常表示为用冒号分隔的两个数字，如7∶4、4∶3、1∶1、16∶9、9∶16等，可以在Midjourney中增加关键词--aspect（外观）4∶3。下面介绍设置画面尺寸的具体操作步骤。

步骤01 在Midjourney中通过/imagine指令输入相应的关键词，最后加上画面尺寸的关键词"--aspect 4∶3"，表示生成4∶3的画面尺寸，如图8-27所示。

图 8-27　通过 /imagine 指令输入相应的关键词

★ 专家提醒 ★

　　画面尺寸的选择直接影响画作的视觉效果，比如 16：9 的画面尺寸可以获得更宽广的视野和更好的画质表现，而 9：16 的画面尺寸则适合用来绘制人像的全身照。

　　步骤02 按【Enter】键确认，Midjourney即可生成设置画面尺寸后的图片效果，如图8-28所示。

图 8-28　设置画面尺寸后的图片效果

8.3 漫画创作：《卡通少女》

漫画是一种通过连续的图像和文本来讲述故事或表达情感的艺术形式，通常具有独特的艺术风格，可以是卡通风格、写实风格、黑白风格或彩色风格等。它们可以涵盖各种主题和类型，如幽默漫画、冒险漫画、爱情漫画、科幻漫画等。

本节以设计一个卡通少女为例，讲解通过文心一格平台进行漫画创作的操作方法，主要包括描述画面主体、补充画面细节、设置画面类型和指定画面尺寸等内容。

8.3.1 描述画面主体

扫码看教学视频

在文心一格中进行漫画创作前，首先需要描述画面主体，写下自己的创意和想法，具体操作步骤如下。

步骤01 登录文心一格平台后，单击"开始创作"按钮，进入"AI创作"页面，输入相应的关键词"漫画少女，白色公主服，身材高挑，正面全身，动漫风格，精致面容，皮肤白皙，黑色长发"，如图8-29所示。

图 8-29 输入相应的关键词

步骤02 单击"立即生成"按钮，即可生成一幅相应的AI绘画作品，效果如图8-30所示。

图 8-30　生成一幅 AI 绘画作品

8.3.2　补充画面细节

扫码看教学视频

如果对文心一格生成的漫画作品不满意，此时可以补充画面细节的关键词，关键词描述得越详细，生成的画面内容越符合要求。下面介绍补充画面细节的方法。

步骤 01 在上一例的基础上，在"AI 创作"页面中补充相应的关键词"虚幻引擎，电影级的，4k 分辨率，复杂的细节，绝美，完成度高，电影照明，精美细节，优雅，素颜"，如图 8-31 所示。

图 8-31　补充相应的关键词

步骤 02 单击"立即生成"按钮，这次生成的图片效果明显好看了许多，画面细节也更加完美，效果如图8-32所示。

图 8-32　第二次生成的画面细节更加完美

8.3.3　设置画面类型

扫码看教学视频

在文心一格的"AI创作"页面中，可以设置画面的类型，如"唯美二次元""怀旧漫画风""中国风""概念插画"及"动漫风"等，具体操作步骤如下。

步骤 01 在上一例的基础上，在"画面类型"选项组中，单击"更多"按钮，在展开的页面中选择"动漫风"选项，如图8-33所示。

图 8-33　选择"动漫风"选项

131

步骤 02 设置画面类型后，在下方设置"数量"为2，如图8-34所示。

图 8-34　设置"数量"为 2

步骤 03 单击"立即生成"按钮，执行操作后，即可生成两幅动漫风的AI绘画作品，效果如图8-35所示。

图 8-35　生成两幅动漫风的 AI 绘画作品

步骤 04 如果用户对这种动漫风不满意，此时可以重新选择画面类型，这里选择"怀旧漫画风"选项，单击"立即生成"按钮，即可生成两幅怀旧漫画风的

AI绘画作品，效果如图8-36所示。

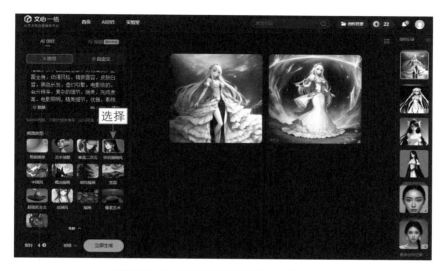

图 8-36　生成两幅怀旧漫画风的 AI 绘画作品

步骤 05 在相应图片上单击，放大图片，预览漫画效果，如图8-37所示。

图 8-37　预览漫画效果

8.3.4　指定画面尺寸

在文心一格平台中，可以指定画面的尺寸为竖图、方图或横图，对于漫画人物来说，竖图更适合这种作品的类型，可以体现出人物的高挑身材。下面介绍在文心一格中指定画面尺寸的操作方法。

扫码看教学视频

步骤01 在上一例的基础上，设置"比例"为"竖图"，如图8-38所示。

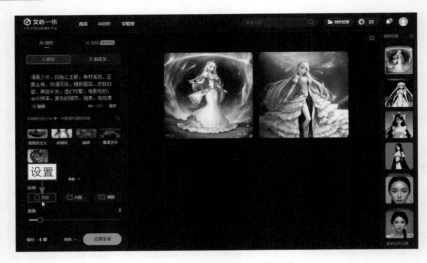

图8-38　设置"比例"为"竖图"

步骤02 单击"立即生成"按钮，即可生成两幅竖图的AI绘画作品，效果如图8-39所示。

图8-39　生成两幅竖图的 AI 绘画作品

本章小结

本章主要向读者介绍了Logo、插画及漫画的创作技巧，通过3个案例《水果店标志》《山水国风》及《卡通少女》的创作，详细介绍了在Midjourney与文心一格平台中创建AI画作的方法。通过对本章的学习，读者能够举一反三，创作出更多精美的AI绘画作品。

课后习题

鉴于本章知识的重要性，为了帮助读者更好地掌握所学知识，本节将通过课后习题，帮助读者进行简单的知识回顾和补充。

1. 使用Midjourney生成一幅海边的星空夜景作品。
2. 使用文心一格生成一幅古色古香的古建筑作品。

第 9 章
AI 视频制作的概况、工具与平台

　　AI 视频制作是人工智能技术在视频领域的应用，通过分析、处理和生成视频内容，实现了许多智能化的应用和功能。本章主要介绍 AI 视频制作的相关内容，包括 AI 视频制作的原理、优点、区别、工具及平台等。

9.1 AI视频制作的基础知识

AI视频制作是指利用人工智能技术辅助或自动化地进行视频内容的创作和编辑过程。通过使用深度学习、计算机视觉和自然语言处理等技术，AI视频制作可以实现一系列功能，包括智能视频剪辑、自动字幕生成、场景识别、视频特效和风格迁移等。本节主要向读者介绍AI视频制作的相关基础知识。

9.1.1 AI视频制作的原理

AI视频制作的原理涉及多个关键技术和算法，如深度学习技术、计算机视觉技术、自然语言处理技术、生成对抗网络技术及视频编辑和特效算法等，下面进行简单介绍，如图9-1所示。

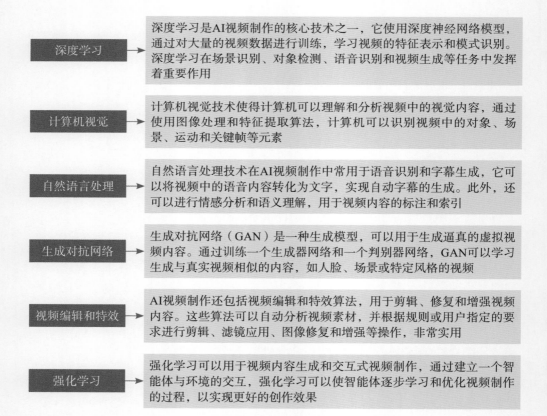

深度学习	深度学习是AI视频制作的核心技术之一，它使用深度神经网络模型，通过对大量的视频数据进行训练，学习视频的特征表示和模式识别。深度学习在场景识别、对象检测、语音识别和视频生成等任务中发挥着重要作用
计算机视觉	计算机视觉技术使得计算机可以理解和分析视频中的视觉内容，通过使用图像处理和特征提取算法，计算机可以识别视频中的对象、场景、运动和关键帧等元素
自然语言处理	自然语言处理技术在AI视频制作中常用于语音识别和字幕生成，它可以将视频中的语音内容转化为文字，实现自动字幕的生成。此外，还可以进行情感分析和语义理解，用于视频内容的标注和索引
生成对抗网络	生成对抗网络（GAN）是一种生成模型，可以用于生成逼真的虚拟视频内容。通过训练一个生成器网络和一个判别器网络，GAN可以学习生成与真实视频相似的内容，如人脸、场景或特定风格的视频
视频编辑和特效	AI视频制作还包括视频编辑和特效算法，用于剪辑、修复和增强视频内容。这些算法可以自动分析视频素材，并根据规则或用户指定的要求进行剪辑、滤镜应用、图像修复和增强等操作，非常实用
强化学习	强化学习可以用于视频内容生成和交互式视频制作，通过建立一个智能体与环境的交互，强化学习可以使智能体逐步学习和优化视频制作的过程，以实现更好的创作效果

图 9-1　AI 视频制作的原理涉及的关键技术和算法

★ 专家提醒 ★

这些原理和方法相互配合，使得AI能够在视频制作中发挥作用，实现自动化、智能化的视频创作和编辑。值得一提的是，AI视频制作仍然需要人类的参与和指导，以保证创作的艺术性和创造性。

9.1.2 AI视频制作的内容

AI视频制作的内容有哪些？它可以帮助用户在视频制作中生成哪些对象呢？下面是一些常见的AI视频制作的应用，如图9-2所示。

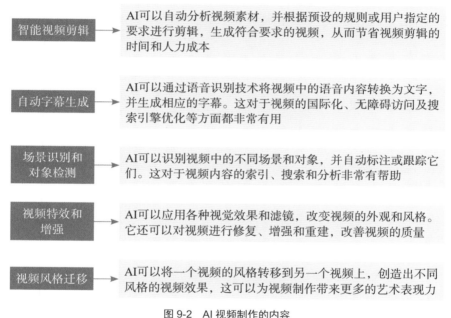

图9-2 AI视频制作的内容

需要注意的是，尽管AI在视频制作方面具有很多潜力，但目前仍需要人工的参与和创造性。AI在视频制作中的角色主要是辅助和增强，更高效地进行创作和编辑。

9.1.3 AI视频制作的优点

AI视频制作具有多个优点，如提高效率、节省成本、增强创意和艺术性、实现个性化内容等，下面进行简单介绍，如图9-3所示。

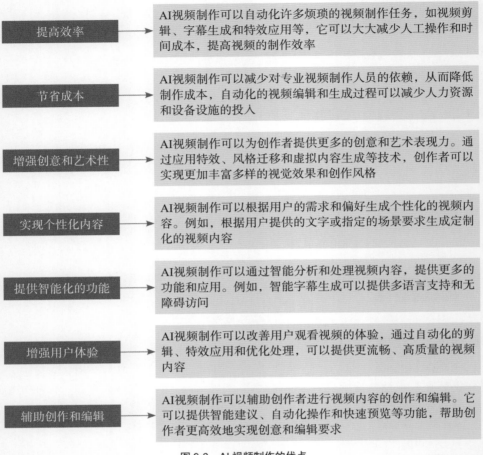

图 9-3　AI 视频制作的优点

★ 专家提醒 ★

　　综上所述，AI 视频制作在提高效率、节省成本、增强创意和艺术性等方面具有显著的优点，为视频制作领域带来了许多新的机会和可能性。

9.1.4　AI 视频制作与真人视频制作的区别

　　AI视频制作和真人视频制作在以下6个方面存在区别。

　　（1）制作流程：在真人视频制作中，通常需要一个真人制作团队，包括导演、摄影师、演员和剪辑师等，他们协同工作完成拍摄、后期剪辑等环节；而AI视频制作主要依靠计算机算法和技术来完成视频内容的生成、编辑和特效应用，无须实际的拍摄和人员配合。

（2）资源需求：真人视频制作通常需要实际的拍摄设备、摄影棚、服装道具等资源，并涉及演员的参与和时间安排；而AI视频制作更加依赖于计算机算法和处理能力，对于硬件设备的要求相对较低。

（3）创意和主观性：真人视频制作通常涉及导演和演员的创意和主观决策，他们根据剧本、角色设定和艺术追求等进行演绎和表达；而AI视频制作主要基于预先编程的算法和模型，其生成的内容可能更倾向于预定义的规则和模式。

（4）自动化和效率：AI视频制作可以利用自动化算法和技术实现视频处理的自动化和高效率；相比之下，真人视频制作通常需要耗费更多的时间和人力资源，涉及人们的实际参与和操作。

（5）可控性和人工干预：在真人视频制作中，人们可以灵活调整、修改和优化视频内容，实现更精细的控制和表达；而AI视频制作虽然具有一定的智能化和自动化能力，但通常需要人工的干预和指导，以确保生成的视频内容符合预期。

（6）艺术性和表现力：真人视频制作借助演员的表演和导演的指导，能够表达出更多的情感和人类观点；而AI视频制作虽然在视觉效果和特效方面具有优势，但在艺术性和情感表达方面可能相对有限。

尽管AI视频制作在自动化、效率和某些视觉特效方面具备优势，但真人视频制作仍然在艺术性、主观性和表达能力等方面具有不可替代的重要性。两者可以相互结合，发挥各自的优势，实现更丰富多样的视频创作和表现。

9.2　AI视频制作的常用平台与软件

使用各种AI视频制作平台能够生成不同类型的视频内容，用户可以根据自己需要的内容类型及相关的主题或领域，来选择合适的AI视频制作平台或工具。本节将介绍4个比较常见的AI视频制作平台和工具。

9.2.1　一帧秒创

一帧秒创是一个基于秒创AIGC（全名为AI Generated Content）引擎的智能AI内容生成平台，它可以对文案、素材、AI语音及字幕等文件进行智能分析，快速成片，根据用户的需求生成相应的视频效果。

一帧秒创平台主要包括AI帮写、图文转视频、AI作画、视频裁剪、视频去水印、文字转语音等实用功能，如图9-4所示。

图9-4 一帧秒创平台

在主界面中，选择"图文转视频"功能后，即可进入相应的界面，在其中用户可以根据视频需求输入对应的文案内容，单击"下一步"按钮，即可生成相应的视频画面，如图9-5所示。

图9-5 根据文案内容生成相应的视频画面

9.2.2　剪映

剪映是一款非常优秀的视频编辑工具，拥有全面的剪辑功能，使用户能够轻松地剪辑、裁剪、添加过渡效果、调整音频、添加字幕和滤镜等，以创建出精美的视频作品。剪映中还包括许多AI视频制作功能，如图文成片、剪同款、识别歌词及智能字幕等智能化功能，极大地提高了用户制作视频的效率。

图9-6所示为使用剪映中的"图文成片"功能生成的手机宣传片短视频。

图 9-6　使用"图文成片"功能生成的手机宣传片短视频

9.2.3　Premiere

　　Adobe Premiere Pro（简称Pr）是由Adobe公司开发的一款视频编辑软件，广泛用于电影、电视节目、广告和其他类型的视频制作，它提供了采集、剪辑、调色、美化音频、字幕添加、输出、DVD刻录等一整套流程。

　　Adobe Premiere Pro中还包括许多AI视频制作功能，如自动剪辑视频片段、自动调色、自动配音及自动生成字幕效果等。图9-7所示为使用Adobe Premiere Pro检测场景自动剪辑视频画面的效果。

图 9-7　使用 Adobe Premiere Pro 进行自动剪辑

9.2.4　腾讯智影

　　腾讯智影是由腾讯公司开发的一款AI智能创作助手，它提供了丰富的AI视频制作与编辑功能，如视频剪辑、形象与音色定制、视频审阅、字幕识别、智能抹除、智能横转竖智能变声、视频解说及文章转视频等，如图9-8所示。

　　腾讯智影还内置了丰富的视频创作主题模板，包括企业培训、旅游推广、新闻直播、知识科普、新闻看点及节日电商等，方便用户进行创作，帮助用户轻松创建出高质量的视频内容。图9-9所示为使用"员工职业培训"模板制作的AI视频画面。

图 9-8　腾讯智影

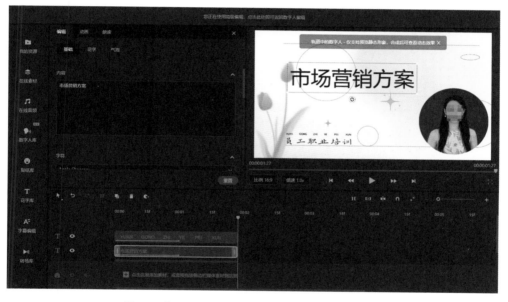

图 9-9　使用"员工职业培训"模板制作的 AI 视频画面

本章小结

　　本章主要向读者介绍了AI视频制作的概况、工具与平台，首先介绍了AI视频制作的原理、内容、优点，以及与真人视频制作的区别，然后介绍了一帧秒创、剪映、Premiere、腾讯智影等常用的AI视频制作平台与软件。通过对本章的学习，读者能够对AI视频制作有一个基本了解。

课后习题

鉴于本章知识的重要性，为了帮助读者更好地掌握所学知识，本节将通过课后习题，帮助读者进行简单的知识回顾和补充。

1. 简述你对AI视频制作的定义理解？

2. 除了本书介绍的AI视频制作平台，你还知道哪些AI视频制作平台？

第 10 章
运用剪映快速生成热门视频

　　剪映是一款功能非常全面的剪辑软件，拥有丰富的素材资源和简易的操作体系，能帮助用户轻松制作出想要的视频效果。本章主要介绍运用剪映快速生成热门视频的操作方法，希望读者熟练掌握本章内容。

10.1 ChatGPT+剪映的图文成片

要想快速制作出一个热门短视频，要学会灵活使用ChatGPT与剪映这两个工具，用ChatGPT快速生成文案，用剪映一键成片，既方便又高效。本节以制作一个奶茶店的宣传视频为例，讲解使用ChatGPT+剪映的图文成片方法。

10.1.1 用 ChatGPT 快速生成文案

扫码看教学视频

在制作奶茶店的宣传视频之前，需要使用ChatGPT快速生成奶茶店的宣传文案内容，具体操作步骤如下。

步骤01 打开ChatGPT的聊天窗口，单击底部的输入框，在其中输入"请给我想5个奶茶店的店名"，单击输入框右侧的发送按钮 ◁ 或按【Enter】键，ChatGPT即可根据要求生成5个奶茶店的店名，如图10-1所示。

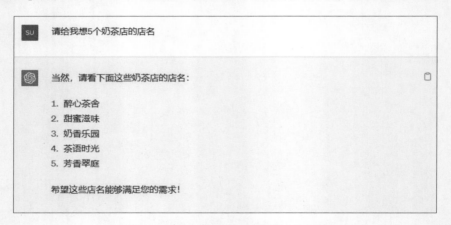

图 10-1　ChatGPT 生成 5 个奶茶店的店名

★ 专家提醒 ★

如果需要奶茶店的宣传口号，也可以通过与 ChatGPT 对话，让它快速生成 10 句奶茶店的宣传口号。

步骤02 通过生成结果，可以看出ChatGPT给出的店名还不错，这里以第2个店名为例，让ChatGPT继续生成对应的宣传文案。在下方输入"请你以奶茶店'甜蜜滋味'，写一篇宣传文案，200字"，如图10-2所示。

步骤03 按【Enter】键，ChatGPT即可根据要求生成一个200以内的奶茶店宣传文案，如图10-3所示。

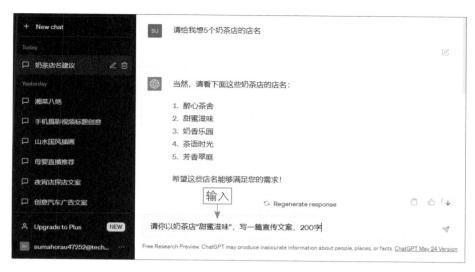

图 10-2　在下方继续输入相关内容

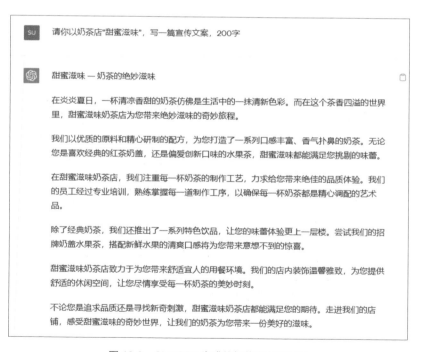

图 10-3　ChatGPT 生成的奶茶店宣传文案

步骤04 到这里，ChatGPT的工作就完成了，通过拖曳鼠标的方式，全选ChatGPT回复的内容，单击鼠标右键，在弹出的快捷菜单中选择"复制"命令，如图10-4所示，复制ChatGPT的文案内容。

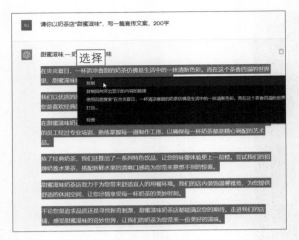

图 10-4　选择"复制"命令

10.1.2　用剪映"图文成片"生成视频

扫码看教学视频

使用ChatGPT生成需要的文案后，接下来在剪映中使用"图文成片"功能快速生成想要的视频效果，具体操作步骤如下。

步骤 01 在剪映首页单击"图文成片"按钮，如图10-5所示。

图 10-5　单击"图文成片"按钮

★ 专家提醒 ★

在首页的左侧可以单击"点击登录账户"按钮，登录抖音账号，从而获取用户在抖音上的公开信息（头像、昵称、地区和性别等）和在抖音内收藏的音乐列表。

步骤02 弹出"剪映图文成片"对话框，显示相应的功能信息，单击下方的"进入使用"按钮，如图10-6所示。

图 10-6 单击"进入使用"按钮

步骤03 弹出"图文成片"对话框，输入相应的标题内容，将ChatGPT中复制的内容粘贴到下方的文字窗口中，如图10-7所示。

图 10-7 输入标题并粘贴相关内容

★ 专家提醒 ★

在首页的右侧可以单击"开始创作"按钮，进行视频编辑，也可以单击"剪同款"或"创作脚本"按钮，套用视频模板或编写视频脚本。

步骤 04 单击右下角的"生成视频"按钮，此时剪映开始生成对应的视频，并显示视频生成进度。稍等片刻，即可进入剪映的视频剪辑界面，在视频轨道中可以查看剪映自动生成的短视频缩略图，如图10-8所示。

图 10-8 查看剪映自动生成的短视频缩略图

步骤 05 在"播放器"面板中单击播放按钮▶，即可预览图文成片的视频效果，如图10-9所示。

我们以优质的原料和精心研制的配方

为您打造了一系列口感丰富香气扑鼻的奶茶

无论您是喜欢经典的红茶奶盖

在甜蜜滋味奶茶店

图 10-9 预览图文成片的视频效果

步骤 06 在界面右上角位置单击"导出"按钮，如图10-10所示。

步骤 07 弹出"导出"对话框，在其中设置相应的导出信息，单击下方的"导出"按钮，如图10-11所示，即可导出短视频效果文件。

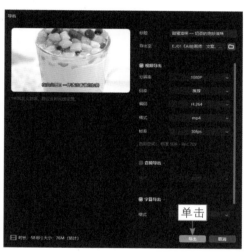

图 10-10 单击"导出"按钮

图 10-11 导出短视频效果文件

10.2 在剪映中使用图片生成视频

在剪映中，不仅可以使用"图文成片"功能快速生成需要的视频画面，还可以使用特定的图片生成需要的短视频效果。本节主要介绍在剪映中使用图片生成视频的操作方法，希望读者熟练掌握本节内容。

10.2.1 使用本地图片生成

制作短视频效果之前，首先需要导入相应素材。下面以制作一段凤凰古城夜景短视频为例，讲解在剪映中使用本地图片生成视频的操作方法。

步骤01 打开剪映首页，在其中单击"开始创作"按钮，进入剪映的视频剪辑界面，在"媒体"功能区中单击"导入"按钮，如图10-12所示。

步骤02 弹出"请选择媒体资源"对话框，选择相应的图片素材，单击"打开"按钮，如图10-13所示。

图 10-12 单击"导入"按钮

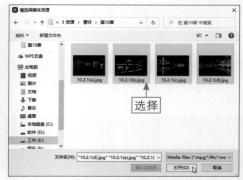

图 10-13 单击"打开"按钮

步骤03 将图片素材导入到"本地"选项卡中，单击图片素材右下角的"添加到轨道"按钮➕，如图10-14所示。

步骤04 执行操作后，即可将图片素材添加到视频轨道中，如图10-15所示。

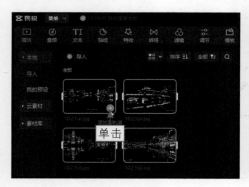

图 10-14 单击"添加到轨道"按钮

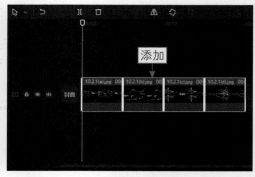

图 10-15 将图片素材添加到视频轨道中

步骤05 在"播放器"面板中单击播放按钮▶，即可预览使用本地图片生成的视频效果，如图10-16所示。

图 10-16　预览使用本地图片生成的视频效果

步骤06 在界面右上角位置单击"导出"按钮，弹出"导出"对话框，在其中设置相应的导出信息，单击下方的"导出"按钮，即可导出短视频效果文件。

10.2.2　快速替换视频片段

扫码看教学视频

如果用户对于导入的素材不满意，此时可以快速替换视频片段，具体操作步骤如下。

步骤01 在上一例的基础上，选择需要替换的素材，单击鼠标右键，在弹出的快捷菜单中选择"替换片段"命令，如图10-17所示。

步骤02 弹出"请选择媒体资源"对话框，选择需要的素材，如图10-18所示。

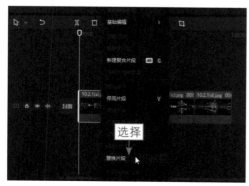

图 10-17　选择"替换片段"命令

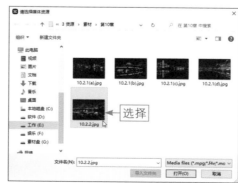

图 10-18　选择需要的素材

步骤03 单击"打开"按钮，弹出"替换"对话框，单击"替换片段"按钮，如图10-19所示。

步骤04 执行操作后，即可替换素材，替换后的画面效果如图10-20所示。

图 10-19　单击"替换片段"按钮　　　　　图 10-20　替换素材后的画面效果

10.3　剪映电脑版的智能化功能

在剪映中，还有许多智能化的功能非常实用，如剪同款、智能字幕及识别歌词等，可以帮助用户快速制作出想要的视频效果。本节主要介绍使用剪映电脑版的智能化功能的操作方法。

10.3.1　运用"剪同款"快速出片

剪映中的"剪同款"功能非常实用，可以一键套用现成的热门视频模板，画面精美，大大提高了视频的制作效率。下面介绍运用"剪同款"快速出片的具体操作方法。

扫码看教学视频

步骤01 在剪映首页单击"剪同款"按钮，如图10-21所示。

步骤02 进入"剪同款"界面，左侧显示了多种视频模板类型，这里选择"旅行"选项，在右侧选择自己喜欢的视频模板，如图10-22所示。

步骤03 选择模板后，自动打开相应的窗口，单击下方的"使用模板"按钮，如图10-23所示。

图 10-21　单击"剪同款"按钮

图 10-22　选择自己喜欢的视频模板

图 10-23　单击"使用模板"按钮

步骤04 执行操作后，进入剪映的视频剪辑界面，在"播放器"面板中显示了视频模板的尺寸和时长等信息，视频轨道中显示了3个素材框，表示需要添加3段视频素材，如图10-24所示。

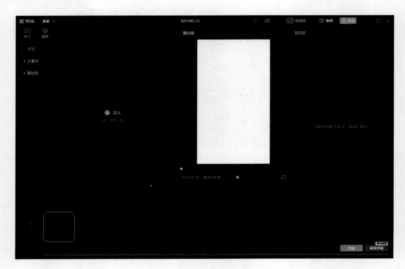

图 10-24　进入剪映的视频剪辑界面

步骤05 在视频轨道中，单击相应的加号图标■，依次添加3段视频素材，此时剪映的视频剪辑界面如图10-25所示。

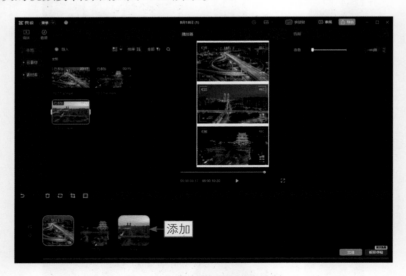

图 10-25　依次添加 3 段视频素材

步骤06 在"播放器"面板中单击播放按钮▶，即可预览运用"剪同款"功能制作的视频效果，如图10-26所示。

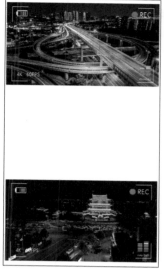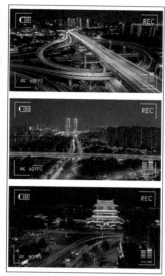

图 10-26 预览使用"剪同款"功能制作的视频效果

10.3.2 运用"识别歌词"添加歌词

运用剪映中的"识别歌词"功能，可以自动识别音频中的歌词内容，方便用户为背景音乐添加动态歌词。下面介绍运用"识别歌词"快速添加歌词的操作方法。

扫码看教学视频

步骤01 在"本地"选项卡中导入视频素材，单击其右下角的"添加到轨道"按钮➕，将视频素材添加到视频轨道中，如图10-27所示。

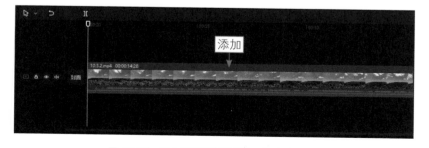

图 10-27 导入视频素材并添加到视频轨道中

步骤02 在"文本"功能区中，切换至"识别歌词"选项卡，单击"开始识别"按钮，如图10-28所示。

步骤03 稍等片刻，即可生成歌词文本，如图10-29所示。

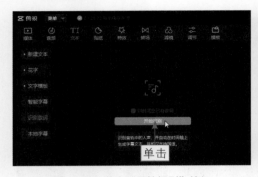
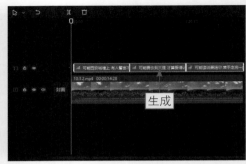

图10-28　单击"开始识别"按钮　　　　图10-29　生成歌词文本

步骤04 选择第1段文字，在"文本"操作区的"基础"选项卡中设置合适的文字字体，然后设置"字号"为7，如图10-30所示，调整字体大小。

步骤05 切换至"花字"选项卡，选择合适的花字样式，如图10-31所示。

图10-30　设置字体和字号　　　　图10-31　选择花字样式

步骤06 在"播放器"面板中调整歌词的位置，如图10-32所示。

步骤07 此时，后面的两段歌词字幕将按照第1段文字的效果自动进行修改，形成风格统一的字幕效果，如图10-33所示。

图10-32　调整歌词的位置　　　　图10-33　自动修改文字的效果

步骤08 在"播放器"面板中单击播放按钮▶，即可预览使用"识别歌词"功能快速添加歌词的效果，如图10-34所示。

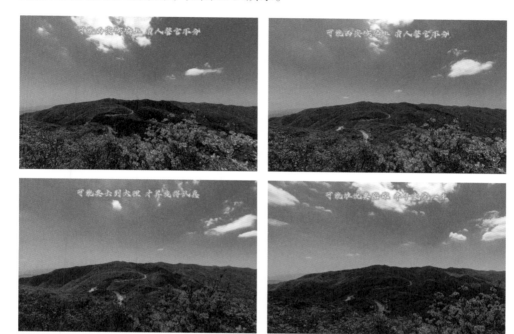

图 10-34　预览使用"识别歌词"功能快速添加歌词的效果

10.3.3　运用"智能字幕"识别语音

剪映中的"识别字幕"功能准确率非常高，能够帮助用户快速识别视频中的语音内容并同步添加字幕效果。下面介绍运用"智能字幕"识别语音的操作方法。

扫码看教学视频

步骤01 在剪映中导入视频素材并将其添加到视频轨道中，如图10-35所示。

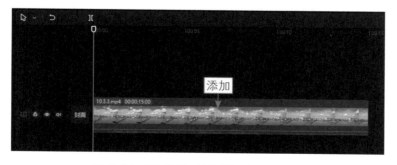

图 10-35　导入视频素材并添加到视频轨道中

步骤 02 在"文本"功能区中，切换至"智能字幕"选项卡，单击"识别字幕"中的"开始识别"按钮，如图10-36所示。

步骤 03 执行操作后，剪映即可根据视频中的语音内容自动生成相应的文本，并添加到文本轨道中，如图10-37所示。

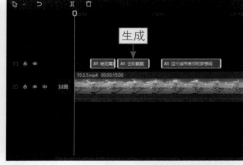

图 10-36　单击"开始识别"按钮　　　　　图 10-37　自动生成相应的文本并添加到文本轨道中

步骤 04 在"文本"功能区中设置相应的字体、字号、字间距及花字样式等，如图10-38所示。

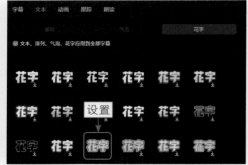

图 10-38　设置字体、字号、字间距及花字样式

步骤 05 在"播放器"面板中单击播放按钮▶，预览剪映识别的语音文字效果，如图10-39所示。

图 10-39　预览剪映识别的语音文字效果

10.3.4　运用"视频防抖"稳定画面

如果拍视频时设备不稳定，画面一般都会有点抖，这时运用剪映中的视频防抖功能可以稳定视频画面。下面介绍运用"视频防抖"稳定画面的操作方法。

扫码看教学视频

步骤01 在剪映中，导入视频素材并将其添加到视频轨道中，如图10-40所示。

步骤02 在"画面"操作区的"基础"选项卡中，选择底部的"视频防抖"复选框，单击"推荐"右侧的下拉按钮，在打开的下拉列表框中选择"最稳定"选项，如图10-41所示。

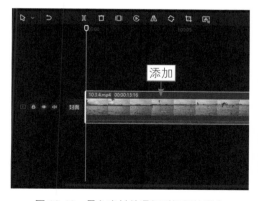
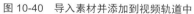

图 10-40　导入素材并添加到视频轨道中

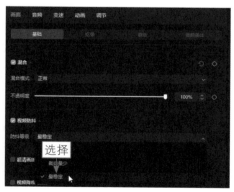

图 10-41　选择"最稳定"选项

步骤03 执行操作后，即可完成视频的防抖处理，在"播放器"面板中单击播放按钮▶，即可预览视频防抖后的画面效果，如图10-42所示。

图 10-42　预览视频防抖后的画面效果

★ 专家提醒 ★

　　在剪映中还有许多非常实用的视频剪辑功能，如视频素材的分割、复制、缩放、变速、定格、倒放及旋转等，用户可以根据需要进行相关操作。

本章小结

　　本章主要向读者介绍了运用剪映快速生成热门视频的操作方法，包括运用ChatGPT+剪映快速成片、在剪映中使用图片生成视频、运用"剪同款"快速出片、运用"识别歌词"添加歌词，以及运用"智能字幕"识别语音等内容。通过对本章的学习，读者能够更好地掌握使用剪映快速出片的操作方法。

课后习题

　　鉴于本章知识的重要性，为了帮助读者更好地掌握所学知识，本节将通过课后习题，帮助读者进行简单的知识回顾和补充。

　　1. 使用剪映的"图文成片"功能快速生成一段奶茶类的短视频。

　　2. 使用剪映的"剪同款"功能快速制作一段旅行类的短视频。

第 11 章

运用 Premiere 进行 AI 视频制作

Premiere Pro 2023 是由美国 Adobe 公司出品的一款视音频非线性编辑软件，是视频编辑爱好者和专业人士必不可少的编辑工具，其中还有许多非常实用的 AI 视频制作功能，帮助用户快速剪辑与处理视频片段。本章主要向读者介绍运用 Premiere 进行 AI 视频制作的操作方法，希望读者熟练掌握本章内容。

11.1 使用Premiere自动剪辑视频片段

在Premiere Pro 2023中，使用"场景编辑检测"功能可以自动检测视频场景并剪辑视频片段。本节主要介绍自动检测并剪辑视频素材、自动剪辑视频并生成素材箱、重新合成剪辑后的视频片段等内容。

11.1.1　自动检测并剪辑视频素材

根据用户添加的视频素材，Premiere可以自动检测视频中包含的多个场景，然后按场景自动剪辑视频片段。下面介绍自动检测并剪辑视频素材的操作方法。

扫码看教学视频

步骤 01 启动Premiere Pro 2023，系统将自动弹出欢迎界面，单击"新建项目"按钮，进入"新建项目"界面，单击"创建"按钮，如图11-1所示，创建一个项目。

图 11-1　单击"创建"按钮

★ 专家提醒 ★

Premiere具有直观的用户界面，使用户能够在时间轴上对视频进行精确的编辑和调整。它还提供了许多高级功能，如多摄像机编辑、音频混合、关键帧动画等，以满足专业用户的需求。

步骤 02 在菜单栏中选择"文件"|"导入"命令，如图11-2所示。

步骤 03 弹出"导入"对话框，在其中选择相应的视频素材，如图11-3所示。

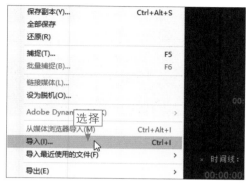

图 11-2 选择"导入"命令

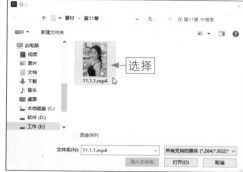

图 11-3 选择视频素材

步骤 04 单击"打开"按钮，即可在"项目"面板中查看导入的素材文件缩略图，如图11-4所示。

步骤 05 将素材拖曳至"时间轴"面板中，单击鼠标右键，在弹出的快捷菜单中选择"场景编辑检测"命令，如图11-5所示。

图 11-4 查看导入的素材文件

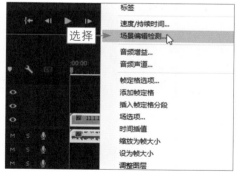

图 11-5 选择"场景编辑检测"命令

步骤 06 弹出"场景编辑检测"对话框，选择"在每个检测到的剪切点应用剪切"复选框，单击"分析"按钮，如图11-6所示。

步骤 07 分析完成后，即可根据视频场景自动剪辑视频片段，将一整段视频剪切成了5个小片段，如图11-7所示。

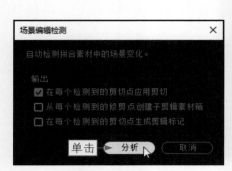

图 11-6 单击"分析"按钮

图 11-7 自动剪辑视频片段

步骤08 在"节目监视器"面板中，可以预览剪辑的视频效果，如图11-8所示。

图 11-8 预览剪辑的视频效果

11.1.2 自动剪辑视频并生成素材箱

扫码看教学视频

在Premiere Pro 2023中，用户可以对视频素材进行自动剪辑操作，并将剪辑完成的视频自动生成素材箱，方便后续的视频调用与处理，具体操作步骤如下。

步骤01 新建一个项目，在"项目"面板中导入一段视频素材，如图11-9所示。

步骤02 将素材拖曳至"时间轴"面板中，如图11-10所示。

图 11-9　导入视频素材

图 11-10　拖曳至"时间轴"面板中

步骤 03 在素材上单击鼠标右键，在弹出的快捷菜单中选择"场景编辑检测"命令，弹出"场景编辑检测"对话框，选中"在每个检测到的剪切点应用剪切"和"从每个检测到的修剪点创建子剪辑素材箱"复选框，单击"分析"按钮，如图11-11所示。

步骤 04 分析完成后，即可根据视频场景自动剪辑视频片段，将一整段视频剪切成了5个小片段，如图11-12所示。

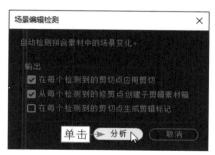

图 11-11　单击"分析"按钮

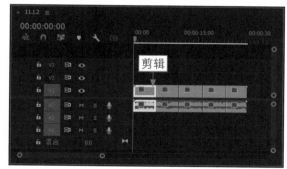

图 11-12　自动剪辑视频片段

步骤 05 此时，"项目"面板中会自动生成一个素材箱，用于存放剪辑后的视频片段，如图11-13所示。

步骤 06 双击该素材箱，打开相应的面板，即可查看视频片段的缩略图，如图11-14所示。

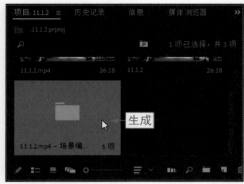
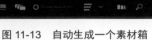

图 11-13　自动生成一个素材箱　　　　　　　图 11-14　查看视频片段的缩略图

★ 专家提醒 ★

在"项目"面板中，单击下方的"项目可写"按钮 ，可以将项目更改为只读模式，将项目锁定不可编辑，同时按钮颜色会由绿色变为红色 ；单击"列表视图"按钮 ，可以将素材以列表形式显示；单击"图标视图"按钮 ，可以将素材以图标形式显示；单击"自由变换视图"按钮 ，可以将素材进行自由变换显示出来。

步骤 07 在"节目监视器"面板中，可以预览剪辑的视频效果，如图11-15所示。

图 11-15　预览剪辑的视频效果

11.1.3 重新合成剪辑后的视频片段

扫码看教学视频

当Premiere Pro 2023按照检测到的视频场景进行自动分割后，用户可以重新调整这些素材的位置，然后将这些素材重新合为一个视频片段，方便后续的编辑与处理。下面介绍重新合成剪辑后的视频片段的操作方法。

步骤 01 选择"文件"|"打开项目"命令，打开一个项目文件，在"项目"面板中选择素材箱，如图11-16所示。

步骤 02 双击打开素材箱，选择第1个素材片段，如图11-17所示。

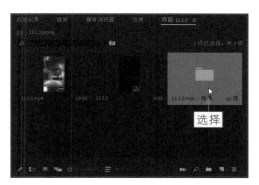

图 11-16 在面板中选择素材箱

图 11-17 选择第 1 个素材片段

步骤 03 按住鼠标左键并拖曳至"时间轴"面板中，即可应用剪辑后的素材，如图11-18所示。

步骤 04 用同样的操作方法，将"子剪辑04"素材拖曳至"时间轴"面板中的第1段素材后面，如图11-19所示。

图 11-18 应用剪辑后的素材

图 11-19 添加第 2 个素材片段

步骤05 同时选择两个子剪辑片段，单击鼠标右键，在弹出的快捷菜单中选择"嵌套"命令，如图11-20所示。

步骤06 弹出"嵌套序列名称"对话框，单击"确定"按钮，即可嵌套序列，将视频轨道中的素材重新合成一个片段，如图11-21所示。

图 11-20　选择"嵌套"命令　　　　　　　　图 11-21　重新合成一个片段

步骤07 单击"播放"按钮▶，预览重新合成后的视频效果，如图11-22所示。

图 11-22　预览重新合成后的视频效果

11.2 使用Premiere的智能化功能

在Premiere Pro 2023中，还提供了许多智能化的功能，如自动调色功能、使用语音自动生成字幕等，帮助用户更智能地编辑视频素材，快速得到想要的视频画面效果。本节主要向读者介绍使用Premiere智能化功能的具体操作方法。

11.2.1 使用视频自动调色功能

扫码看教学视频

使用Premiere Pro 2023中的自动调色功能，新手也能一键搞定基础色调，提高视频画面的色彩与美观度，吸引观众的眼球。下面介绍使用视频自动调色功能的具体操作方法。

步骤01 选择"文件"|"打开项目"命令，打开一个项目文件，在视频轨道中选择需要自动调色的视频素材，如图11-23所示。

步骤02 在Premiere工作界面的右侧单击"Lumetri颜色"标签，切换至"Lumetri颜色"面板，展开"基本校正"选项组，单击"自动"按钮，此时面板中的各项调色参数自动发生了变化，如图11-24所示。

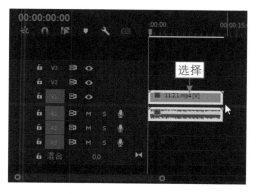

图 11-23 选择视频素材

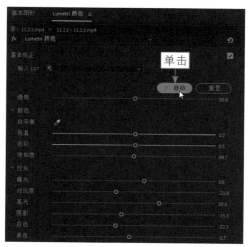

图 11-24 单击"自动"按钮

步骤03 通过自动调色结果可以看出，原始的视频素材画面偏暗，使用了自动调色功能后，画面色彩明亮了许多，效果如图11-25所示。

图 11-25　自动调色后的视频画面效果

11.2.2　使用语音自动生成字幕

Premiere Pro 2023可以根据视频中的语音内容自动生成字幕文件，语音转字幕功能既节省了输入文字的时间，也提高了视频后期处理的效率。需要用户注意的是，使用Premiere Pro 2023的语音转字幕功能时，需要先下载并更新Premiere语言包，如图11-26所示，添加完成后才可以正常使用该功能。

扫码看教学视频

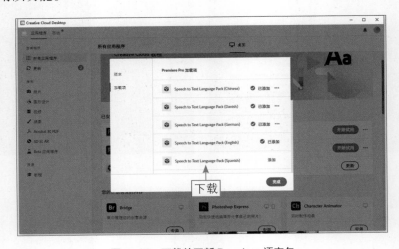

图 11-26　下载并更新 Premiere 语言包

下面介绍在 Premiere Pro 2023 中使用语音自动生成字幕的方法，操作步骤如下。

步骤01 选择"文件"|"打开项目"命令，打开一个项目文件，在"项目"面板中共有4段视频素材，如图11-27所示。

步骤02 同时选择这4段视频素材，按住鼠标左键并拖曳至视频轨道中，如图11-28所示。

图 11-27　打开项目文件

图 11-28　拖曳至视频轨道中

步骤03 打开"文本"面板，在"字幕"选项卡中单击"从转录文本创建字幕"按钮，如图11-29所示。

步骤04 弹出"创建字幕"对话框，在其中设置"字幕之间的间隔"为2，选中"单行"单选按钮，如图11-30所示。

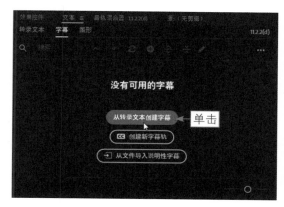

图 11-29　单击"从转录文本创建字幕"按钮

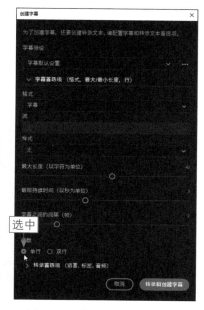

图 11-30　选中"单行"单选按钮

步骤05 展开"转录首选项（语言、标签、音频）"选项组，在其中设置"语言"为"简体中文"，单击"转录和创建字幕"按钮，如图11-31所示。

步骤06 执行操作后，即可开始自动生成字幕，并显示渲染进度，如图11-32所示。

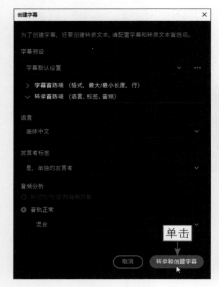

图 11-31　单击"转录和创建字幕"按钮　　　　图 11-32　显示渲染进度

步骤07 稍等片刻，在"文本"面板中显示了自动生成的字幕效果，如图11-33所示，其中可能存在错字现象，需要对文本内容进行修正。

步骤08 双击第1行文本，进入文本编辑状态，修改文本内容，如图11-34所示。

图 11-33　显示自动生成的字幕效果　　　　图 11-34　修改文本内容

步骤09 采用同样的方法，修改第2行的文本内容，如图11-35所示。

步骤10 修改完成后，选择第2行的文本内容，单击上方的"拆分字幕"按钮，如图11-36所示。

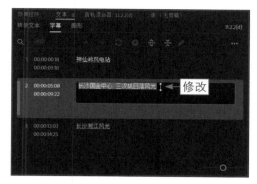

图 11-35 修改第 2 行的文本内容

图 11-36 单击"拆分字幕"按钮

步骤11 执行操作后，即可将第2行的文本内容拆分为两个字幕文件，修改相应的字幕内容，如图11-37所示。

步骤12 此时，在"时间轴"面板上方显示了4个已经被拆分的字幕文件，如图11-38所示。

图 11-37 修改相应的字幕内容

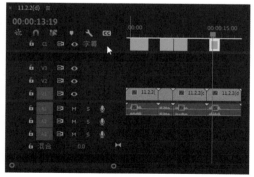

图 11-38 显示已经被拆分的字幕

步骤13 选择第1个字幕文件，在"节目监视器"面板中，可以查看默认的字幕效果，如图11-39所示。

步骤14 在软件界面右侧的"基本图形"面板中，展开"编辑"选项卡，在其中设置"字体"为"黑体"、"字体大小"为91、"字距调整"为80、"填充"为黄色（RGB参数值分别为255、216、0），如图11-40所示。

图 11-39　查看默认的字幕效果

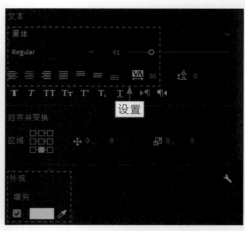

图 11-40　设置字幕的相应属性

步骤15 执行操作后，即可修改字幕属性，效果如图11-41所示。

步骤16 采用同样的方法，修改其他字幕属性，效果如图11-42所示。

图 11-41　修改字幕属性效果

图 11-42　修改其他字幕属性

步骤17 在"节目监视器"面板中，单击"播放"按钮▶，预览使用语音自动生成字幕的视频效果，如图11-43所示。

三汉矶日落风光　　　　　　　　　　长沙湘江风光

图 11-43　预览使用语音自动生成字幕的视频效果

本章小结

　　本章主要向读者介绍了运用Premiere进行AI视频制作的方法，包括使用Premiere自动剪辑视频片段、使用Premiere的智能化功能等。通过对本章的学习，读者可以快速掌握自动剪辑视频、自动调色视频、自动生成字幕的操作方法，使用Premiere快速出片。

课后习题

　　鉴于本章知识的重要性，为了帮助读者更好地掌握所学知识，本节将通过课后习题，帮助读者进行简单的知识回顾和补充。

　　1. 使用Premiere的"场景编辑检测"功能快速剪辑一段多场景的视频素材。

　　2. 使用Premiere为一段短视频画面自动生成字幕效果。

第 12 章

案例：自媒体、虚拟主播、口播视频创作

　　运用剪映与腾讯智影平台可以快速生成需要的 AI 视频画面，本章将通过 3 个案例，详细讲解通过剪映与腾讯智影快速生成自媒体视频、虚拟主播与口播视频的技巧，希望读者熟练掌握本章内容。

12.1 自媒体视频创作：《旅行风光》

自媒体视频是指由个人或团队制作的、通过互联网平台发布的视频内容，这些视频通常由自媒体人或内容创作者制作，他们可以是博主、网红、主持人或独立制片人等。自媒体视频的形式和内容多样，可以包括搞笑视频、教育视频、美食制作、旅行记录、新闻评论、时事解说及产品评测等。

本节以制作《旅行风光》视频为例，讲解通过剪映软件进行视频创作的方法，主要包括选择相应模板、上传视频素材、更改字幕属性和快速生成视频等内容。

12.1.1 选择相应模板

在剪映中使用"剪同款"功能可以快速创作出满意的视频作品，首先需要选择相应的视频模板，具体操作步骤如下。

扫码看教学视频

步骤 01 在剪映首页单击"剪同款"按钮，如图12-1所示。

图 12-1 单击"剪同款"按钮

★ 专家提醒 ★

自媒体视频可以在各种平台上发布，如 YouTube、抖音、快手、Bilibili 等。自媒体视频的优势在于它们可以通过互联网直接传播，并且可以迅速获得观众的反馈和互动。自媒体人可以通过视频内容吸引观众的注意力，建立粉丝基础，并通过广告、赞助或其他形式的变现来获得收益。

步骤 02 进入"剪同款"界面，左侧显示了多种视频模板的类型，这里选择
"旅行"选项，在右侧选择自己喜欢的视频模板，如图12-2所示。

图 12-2　选择自己喜欢的视频模板

步骤 03 选择模板后，自动打开相应的窗口，单击下方的"使用模板"按
钮，如图12-3所示。

图 12-3　单击"使用模板"按钮

步骤 04 执行操作后，进入剪映的视频剪辑界面，在"播放器"面板中显示

了视频模板的尺寸和时长等信息，如图12-4所示。

图 12-4　剪映的视频剪辑界面

12.1.2　上传视频素材

在剪映界面中选择好需要的视频模板后，接下来需要上传视频素材，用来替换模板中已有的视频素材。下面介绍上传视频素材的方法，具体操作步骤如下。

扫码看教学视频

步骤01 在上一例的基础上，在视频轨道中显示了9个素材框，表示需要添加9段视频素材，在第1个素材框中单击➕按钮，如图12-5所示。

步骤02 弹出"请选择媒体资源"对话框，选择需要上传的视频素材，如图12-6所示。

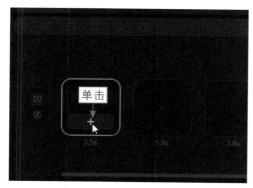

图 12-5　单击相应按钮

图 12-6　选择视频素材

步骤03 单击"打开"按钮，即可将选择的素材添加到剪映中，如图12-7所示。

步骤04 在"媒体"素材库中显示了刚才导入的视频素材，如图12-8所示。

图 12-7　将素材添加到剪映中　　　　图 12-8　显示刚导入的素材

步骤05 采用同样的方法，依次在"时间轴"面板中再次添加8个视频素材，如图12-9所示。

图 12-9　再次添加 8 个视频素材

步骤06 单击"播放"按钮，预览制作的视频效果，如图12-10所示。

图 12-10　预览制作的视频效果

12.1.3　更改字幕属性

在"剪同款"视频模板中，自带了字幕效果，如果用户对于字幕的内容和位置不满意，可以对字幕的属性进行调整，具体操作步骤如下。

步骤01 在"文本"面板中选择字幕内容，左侧显示了文本框，如图 12-11 所示。

图 12-11　选择字幕内容

步骤02 拖曳文本框四周的圆形控制柄，调整字幕大小，如图12-12所示。

图 12-12　调整字幕大小

步骤03 在文本框上按住鼠标左键并向上拖曳，调整字幕位置，如图 12-13 所示。

185

图 12-13 调整字幕位置

步骤04 单击"播放"按钮，预览调整字幕后的视频效果，如图12-14所示。

图 12-14 预览调整字幕后的视频效果

12.1.4 快速生成视频

视频制作完成后，接下来需要将其导出为.mp4格式的视频文件，方便用户在网络中分享制作的自媒体视频效果。下面介绍快速生成视频的方法，具体操作步骤如下。

扫码看教学视频

步骤01 在剪映界面中单击下方的"完成"按钮，如图12-15所示。

步骤02 进入剪映主界面，单击右上角的"导出"按钮，如图12-16所示。

图 12-15　单击下方的"完成"按钮

图 12-16　单击右上角的"导出"按钮

步骤 03 弹出"导出"对话框，在其中设置标题、分辨率、码率、编码及格式等信息，单击"导出"按钮，如图12-17所示。

步骤 04 开始导出视频文件，并显示导出进度，稍后即可显示导出完成，单击"关闭"按钮，如图12-18所示。

图 12-17 单击"导出"按钮　　　　　　　图 12-18 单击"关闭"按钮

步骤 05 在计算机中找到导出后的.mp4文件，双击打开文件，预览制作的自媒体视频效果，如图12-19所示。

图 12-19 预览制作的自媒体视频效果

12.2 虚拟主播创作：《旅游博主》

虚拟主播是指使用计算机生成的角色或虚拟人物来进行直播或录播的主播。这些虚拟主播通常是由技术和艺术团队创作和设计的，他们通过特定的软件和技术为虚拟人物赋予动作、表情和语音。本节以设计一个《旅游博主》为例，讲解在腾讯智影平台中创作一个虚拟主播的方法。

12.2.1 选择热门主题模板

扫码看教学视频

在腾讯智影平台中有许多热门的主题模板可以选择，如培训模板、旅游模板及新闻直播等。下面以选择一个旅游推广类的主题模板为例，介绍具体的操作方法。

步骤01 打开并登录腾讯智影平台，在"创作空间"选项卡中选择"旅游推广"主题模板，如图12-20所示。

步骤02 打开相应的播放窗口，单击"使用此模板创作"按钮，如图12-21所示，执行操作后，即可选择需要的主题模板。

图12-20 选择"旅游推广"主题模板

图12-21 单击"使用此模板创作"按钮

12.2.2 个性化定制女主播

选择相应的模板后，接下来需要个性化定制女主播，包括主播的
形象、音色及服装等。下面介绍个性化定制女主播的方法，具体操作
步骤如下。

扫码看教学视频

步骤01 在腾讯智影界面中单击"数字人切换"按钮，如图12-22所示。

步骤02 弹出"选择数字人"对话框，这里选择"云燕"数字人，如图12-23
所示，单击"确定"按钮。

图 12-22　单击"数字人切换"按钮

图 12-23　选择"云燕"数字人

步骤03 执行操作后，即可更改主播的类型，如图12-24所示。

步骤04 在腾讯智影界面中单击"美清"按钮，弹出"数字人音色"对话框，在其中可以指定主播的音色，如图12-25所示。这里单击"取消"按钮，使用默认的"美清"音色即可。

图 12-24　更改主播的类型

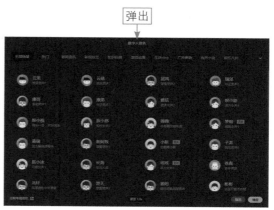

图 12-25　指定主播的音色

步骤05 在界面左上角位置单击"形象及动作"标签，切换至"形象及动作"选项卡，在"服装"选项组中选择"T恤1"样式，如图12-26所示。

步骤06 执行操作后，即可为女主播更换服装类型，这样的T恤款式更能凸显主播的青春活力，更符合旅游博主的形象和气质，如图12-27所示。

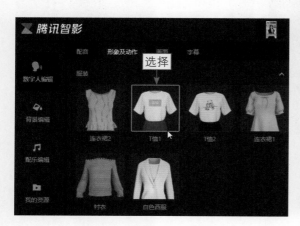

图 12-26　选择"T恤1"样式　　　　图 12-27　为女主播更换服装类型

步骤07 在预览窗口中选择"苏州5日游"字样，在左侧的"内容"选项组中将文字更改为"长沙5日游"，如图12-28所示。

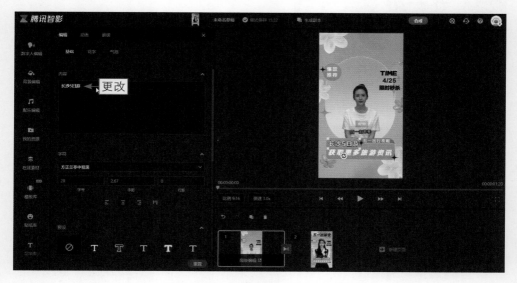

图 12-28　将文字更改为"长沙5日游"

步骤08 采用同样的方法，在界面下方将第2个幻灯片上的文字内容进行修改，然后将主播的类型与服装修改为与第1个幻灯片中的一致，如图12-29所示。

图 12-29 修改主播的类型与服装

★ 专 家 提 醒 ★

虚拟主播的外观和个性可以根据设计进行自定义，包括外貌、服装、发型、声音等，他们可以是动漫角色、卡通形象、游戏角色或独特的虚拟形象。

12.2.3 修改主播播报的内容

修改好主播的形象以后，接下来修改主播播报的内容，使主播按照用户需要的内容进行播报，具体操作步骤如下。

扫码看教学视频

步骤 01 在预览窗口中选择主播人物，在左侧的"配音"选项卡中显示了主播播报的内容，单击该内容文本框，如图12-30所示。

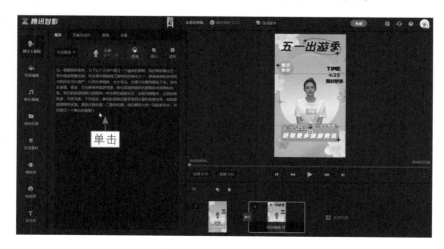

图 12-30 单击内容文本框

步骤02 弹出"数字人文本配音"对话框，在其中修改相应的文字内容，单击"保存并生成音频"按钮，如图12-31所示。

图 12-31　单击"保存并生成音频"按钮

步骤03 返回腾讯智影界面，可以看到左侧文本框中的播报内容已被修改，如图12-32所示。

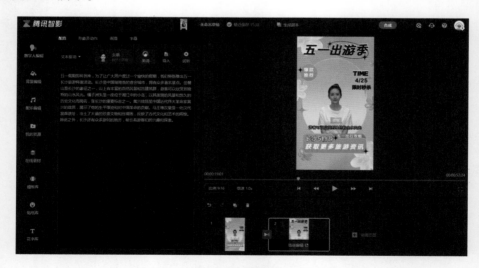

图 12-32　左侧文本框中的播报内容已被修改

★ 专家提醒 ★

　　虚拟主播的优势在于他们能够创造出独特的虚拟形象，展现多样的表演和互动方式，他们不受地理位置限制，可以吸引全球范围内的观众，并且能够建立粉丝群体。

步骤 04 单击界面上方的封面缩略图，弹出"设置封面"对话框，播放至合适位置，单击"截取为封面"按钮，如图12-33所示，即可更改视频的封面图片。

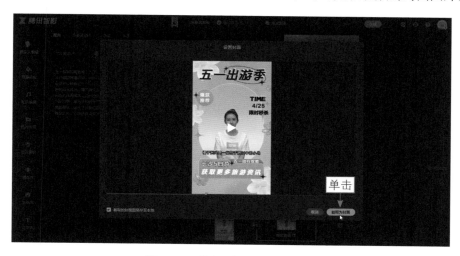

图 12-33 单击"截取为封面"按钮

12.2.4 合成并导出视频效果

虚拟主播视频创作完成后，接下来合成并导出视频效果，具体操作步骤如下。

扫码看教学视频

步骤 01 在腾讯智影界面的右上角单击"合成"按钮，弹出"合成设置"对话框，设置视频的名称，单击"合成"按钮，如图12-34所示。

图 12-34 单击"合成"按钮

195

步骤02 执行操作后，开始合成视频文件，并显示合成进度。稍等片刻，在网页下方将显示合成的文件，单击右侧的下载按钮 ⬇，如图12-35所示。

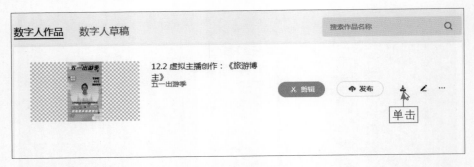

图 12-35 单击下载按钮

步骤03 执行操作后，即可下载虚拟主播视频文件，双击打开该文件，预览视频效果，如图12-36所示。

图 12-36 预览视频效果

12.3 口播视频创作：《风光摄影》

口播视频是一种以口述方式进行的视频内容创作形式。在口播视频中，创作者通过口头表达来传达信息、讲述故事或分享观点，而不依赖于实际的视觉图像。本节以制作一个《风光摄影》知识类的口播视频为例，讲解口播视频的创作技巧。

12.3.1　选择口播主题模板

创作口播视频之前，首先需要选择"知识口播"主题模板，下面介绍具体的操作步骤。

扫码看教学视频

步骤01 在"创作空间"选项卡中选择"知识口播"主题模板，如图12-37所示。

图 12-37　选择"知识口播"主题模板

步骤02 打开相应的播放窗口，单击"使用此模板创作"按钮，如图12-38所示，执行操作后，即可选择需要的主题模板。

图 12-38　单击"使用此模板创作"按钮

12.3.2 更改主播形象气质

用户可以自定义设置口播视频中主播的形象与气质，为主播更换适合知识口播主题的服装。下面介绍更改主播形象气质的方法，具体操作步骤如下。

步骤01 在腾讯智影界面中单击"数字人切换"按钮，如图12-39所示。

步骤02 弹出"选择数字人"对话框，这里选择"幕瑶"数字人，单击"确定"按钮，如图12-40所示。

图 12-39　单击"数字人切换"按钮　　　　图 12-40　选择"幕瑶"数字人

步骤03 执行操作后，即可将幻灯片上的主播更改为"幕瑶"，如图12-41所示。

步骤04 单击"画面"标签，切换至"画面"选项卡，设置"缩放"为100，如图12-42所示。

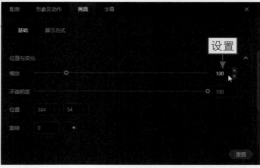

图 12-41　将主播更改为"幕瑶"　　　　图 12-42　设置"缩放"为100

步骤05 执行操作后，即可调小女主播的形象，使其更加美观，如图12-43

所示。

步骤 06 切换至"形象及动作"选项卡，在"服装"选项组中选择"衬衣"样式，为女主播更换服装的类型，如图12-44所示。

图 12-43 调小女主播的形象

图 12-44 更换服装的类型

★ 专家提醒 ★

在口播视频中，创作者也可以借助音效、音乐、背景音乐等元素来增强视频的效果和吸引力，这些声音元素可以在口播视频中营造氛围、增加节奏感或突出重点。口播视频可以在各种平台上发布，如视频分享网站、社交媒体平台和自媒体平台等。

步骤 07 采用同样的方法，更换第2张与第3张幻灯片上女主播的类型与服装，并设置女主播的大小，使其与第1张幻灯片保持一致，如图12-45所示。

图 12-45 更换其他幻灯片上女主播的类型与服装

12.3.3 修改口播文字内容

口播视频可以涵盖各种主题和内容类型，包括教育、评论、解说、演讲、访谈等。下面介绍修改口播文字内容的方法，具体操作步

扫码看教学视频

骤如下。

步骤01 选择第1张幻灯片上的主播，在左侧的"配音"选项卡中修改口播的内容，如图12-46所示。

步骤02 在预览窗口中选择英文内容，在左侧的"内容"选项组中更改文字内容，在下方设置字号为100，如图12-47所示。

图 12-46　修改口播的内容　　　　　　　　图 12-47　更改文字内容与字号

步骤03 在预览窗口中选择中文内容，在左侧的"内容"选项组中更改文字内容，在下方设置字号为55，并选择相应的字体预设样式，如图12-48所示。

步骤04 文字内容修改完成后，在幻灯片中可以预览文字效果，如图12-49所示。

图 12-48　设置字体属性　　　　　　　　　　图 12-49　预览文字效果

步骤05 采用同样的方法，更改第2张幻灯片上的文字内容，并修改主播的口播文字，如图12-50所示。

步骤06 采用同样的方法，更改第3张幻灯片上的文字内容，并修改主播的口播文字，如图12-51所示。

图 12-50　更改第 2 张幻灯片的内容

图 12-51　更改第 3 张幻灯片的内容

12.3.4　合成并导出口播视频

口播视频创作完成后，最后一步是合成并导出视频效果，用户可以在自媒体平台上发布这些口播视频。合成并导出口播视频的具体操作步骤如下。

扫码看教学视频

步骤01 单击界面上方的封面缩略图，弹出"设置封面"对话框，播放至合适位置，单击"截取为封面"按钮，即可更改视频的封面图片。封面图片更改完成后，单击腾讯智影界面右上角的"合成"按钮，如图12-52所示。

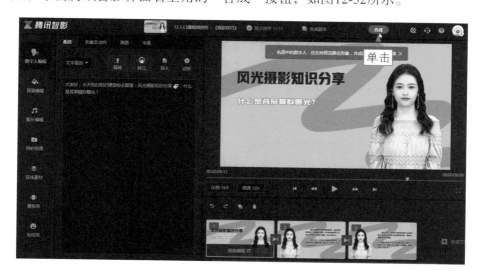

图 12-52　单击"合成"按钮

步骤02 弹出"合成设置"对话框，设置视频的名称，单击"合成"按钮，如图12-53所示。

图 12-53　合成口播视频

步骤03 开始合成视频文件，在网页下方显示了合成的文件，单击右侧的下载按钮 ↓，下载口播视频文件，双击打开该文件，预览口播视频效果，如图12-54所示。

图 12-54　预览口播视频效果

本章小结

本章主要向读者介绍了自媒体视频、虚拟主播视频及口播视频的创作技巧，通过3个案例《旅行风光》《旅游博主》《风光摄影》的创作，详细介绍了在剪映软件与腾讯智影平台中创建AI视频的方法，希望通过对本章的学习，读者可以举一反三，创作出更多满意的AI视频作品。

课后习题

鉴于本章知识的重要性，为了帮助读者更好地掌握所学知识，本节将通过课后习题，帮助读者进行简单的知识回顾和补充。

1. 使用剪映的"剪同款"功能快速生成一段宝宝成长的视频。

2. 使用腾讯智影快速创作出一个有关职业培训的虚拟主播视频。

第 13 章
AI 全流程的制作方法

通过前面章节的学习，读者已经对 AI 文案、AI 图片及 AI 视频的制作流程有了一个基本了解。本章以制作一个美食短视频为例，讲解 AI 全流程（从文案到图片再到视频）的制作方法，希望读者熟练掌握本章内容。

13.1 视频效果展示

本章主要向读者介绍通过ChatGPT、Midjourney和剪映快速生成一段AI美食短视频的方法，本实例效果如图13-1所示。

图 13-1　AI 美食短视频效果

13.2 用ChatGPT生成文案

如果需要制作一个美食短视频，可以先在ChatGPT中生成相应的美食文案关键词，下面介绍具体操作步骤。

扫码看教学视频

步骤01 在ChatGPT中输入关键词"有哪些有名的特色湘菜？请列出8个"，ChatGPT的回答如图13-2所示。

图 13-2　ChatGPT 根据提问给出的回答

步骤02 在ChatGPT中继续输入"全部翻译成英文"，ChatGPT会将特色湘菜的关键词全部翻译成英文，如图13-3所示。

图 13-3　ChatGPT 将特色湘菜的关键词全部翻译成英文

步骤 03 在ChatGPT中继续输入"特色湘菜的英文是什么"，ChatGPT的回答如图13-4所示。至此，所需要的美食关键词已全部生成。

图 13-4 ChatGPT 给出的相应回复

★ 专家提醒 ★

AI美食短视频可以应用于多个方面，在美食文化和旅游推广方面，通过展示当地特色美食和独特的饮食文化，美食短视频可以吸引游客前往特定地区探索当地美食和文化，促进旅游业发展；在餐厅推广和品牌宣传方面，餐厅可以利用美食短视频展示自己的招牌菜品、特色菜单和用餐环境，吸引更多顾客并增加品牌的曝光度。

13.3 用Midjourney绘制图片

在ChatGPT中生成相应的文案关键词后，接下来可以在Midjourney中绘制出需要的图片效果，下面介绍具体操作步骤。

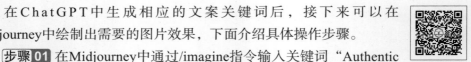

扫码看教学视频

步骤 01 在Midjourney中通过/imagine指令输入关键词"Authentic Hunan Cuisine, Spicy Shrimp, super details, HD pictures 8k, --aspect 4：3（特色湘菜，口味虾，超级细节，高清图片8k，尺寸为4：3）"，按【Enter】键确认，Midjourney将生成4张对应的口味虾湘菜图片，单击U1按钮，如图13-5所示，放大第1幅图片效果。

步骤 02 复制第1步中的英文，通过/imagine指令粘贴关键词，并将Spicy Shrimp（口味虾）更换为Chairman Mao's Braised Pork（毛氏红烧肉），按【Enter】键确认，Midjourney将生成4张对应的毛氏红烧肉湘菜图片，单击U4按钮，如图13-6所示，放大第4幅图片效果。

步骤 03 复制上一步中的英文，通过/imagine指令粘贴关键词，并将Chairman Mao's Braised Pork（毛氏红烧肉）更换为Steamed Fish Head with Chopped Chili（剁椒鱼头），Midjourney将生成4张对应的剁椒鱼头湘菜图片，单击U4按钮，如图13-7所示，放大第4幅图片效果。

图13-5 生成口味虾湘菜图片

图13-6 生成毛氏红烧肉湘菜图片

步骤04 采用同样的操作方法，使用Midjourney生成4张对应的湘西口味腊肉湘菜图片，单击U3按钮，如图13-8所示，放大第3幅图片效果。

图13-7 生成剁椒鱼头湘菜图片

图13-8 生成湘西口味腊肉湘菜图片

步骤05 采用同样的操作方法，使用Midjourney生成4张对应的桂花鸭湘菜图片，单击U3按钮，如图13-9所示，放大第3幅图片效果。

步骤06 采用同样的操作方法，使用Midjourney生成4张对应的铁板酸菜豆腐煲湘菜图片，单击U1按钮，如图13-10所示，放大第1幅图片效果。

步骤07 在放大后的照片缩略图上单击，弹出照片窗口，单击下方的"在浏览器中打开"链接，打开浏览器，预览生成的湘菜美食大图效果，如图13-11所示。依次在图片上单击鼠标右键，在弹出的快捷菜单中选择"图片另存为"命令，将美食图片保存到计算机中，方便后面制作视频时作为素材使用。

图 13-9　生成桂花鸭湘菜图片　　　　图 13-10　生成铁板酸菜豆腐煲湘菜图片

图 13-11　预览生成的湘菜美食大图效果

13.4 用剪映电脑版剪辑视频

通过Midjourney生成图片后，接下来需要在剪映中自动生成视频效果，快速出片，下面介绍具体操作步骤。

扫码看教学视频

步骤 01 在剪映首页单击"剪同款"按钮，进入"剪同款"界面，在左侧选择"美食"选项，在右侧选择自己喜欢的视频模板，单击模板下方的"使用模板"按钮，如图13-12所示。

图 13-12 单击"使用模板"按钮

步骤 02 进入剪映的视频剪辑界面，视频轨道中显示了6个素材框，表示需要添加6个素材，将上一节中保存的6个美食素材依次导入剪映界面中，如图13-13所示。

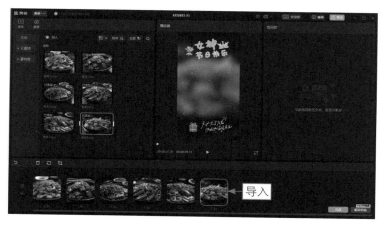

图 13-13 将美食素材依次导入剪映界面中

步骤03 单击右上角的"导出"按钮，弹出"导出"对话框，在其中设置标题、分辨率、码率、编码及格式等信息，单击"导出"按钮，如图13-14所示。开始导出视频文件，待视频导出完成后即可。至此，AI美食短视频制作完成。

图 13-14 单击"导出"按钮

本章小结

本章通过制作AI美食短视频，详细讲解了通过ChatGPT、Midjourney和剪映快速生成一段AI美食短视频的方法，可以帮助自媒体美食博主、美食爱好者、美食店长及旅游爱好者等快速生成高端、大气、上档次的美食短视频。希望通过对本章的学习，读者可以举一反三，创作出更多满意的AI短视频作品。

课后习题

鉴于本章知识的重要性，为了帮助读者更好地掌握所学知识，本节将通过课后习题，帮助读者进行简单的知识回顾和补充。

1. 快速生成一段旅行类的AI短视频。

2. 快速生成一段游戏类的AI短视频。